国家自然科学基金资助项目（51408474）

西北民居绿色评价研究

梁 锐 著

U0323757

中国建筑工业出版社

图书在版编目（CIP）数据

西北民居绿色评价研究 /梁锐著.—北京：中国建筑
工业出版社，2015.3
ISBN 978-7-112-17776-9

Ⅰ.①西…　Ⅱ.①梁…　Ⅲ.①农村住宅－环境设
计－研究　西北地区　Ⅳ.①TU241.4

中国版本图书馆CIP数据核字（2015）第031448号

本书从建筑学专业角度出发，重点探讨西北乡村民居的绿色评价问题，通过对示范项目
进行评价，为西北乡村绿色民居的建设提出设计建议，期望对丰富民居研究理论，推进西北
民居建设的良性发展，科学规范乡村民居建设，起到积极的作用。

本书可供建筑设计人员、民居研究人员以及相关专业师生等参考。

责任编辑：许顺法
书籍设计：京点制版
责任校对：刘　钰　关　健

西北民居绿色评价研究
梁　锐　著
＊
中国建筑工业出版社出版、发行（北京西郊百万庄）
各地新华书店、建筑书店经销
北京京点图文设计有限公司制版
北京云浩印刷有限责任公司印刷
＊
开本：787×1092 毫米　1/16　印张：10½　字数：196千字
2015年5月第一版　2015年5月第一次印刷
定价：**35.00**元

ISBN 978-7-112-17776-9
　　　　（27000）

科学合理的绿色建筑评价体系，是西北乡村建设规范与科学发展的必备条件之一，本书以西北绿色建筑评价体系为研究对象，从建筑学专业角度出发，探讨绿色建筑评价体系的地区适应性。

结合西北地区的自然社会环境，探讨现代西北民居在自发演进中的困境，并基于绿色建筑的多样化理论，提出西北民居的生态评价目标，即居住质量优先，提倡不同经济成本的方案组合，找到经济投入与建筑性能的最佳平衡点。

以此评价目标出发，确立西北民居绿色评价的方法，并对相关评价内容进行比对，进行技术信息分析，提出"居住质量"、"能源"、"材料资源"、"水资源"、"土地资源"、"废弃物"、"社会效应"等七条评价项目，在此基础上优化西北民居绿色评价的指标体系及评价标准。

基于西北地区的乡村建设实际情况，以及西北民居实现绿色目标的途径，结合层次分析法（Analytic Hierarchy Process，AHP）与德尔斐（Delphi）法，对指标权重进行基本排序，并针对乡村绿色民居建设的推广方式，明确西北民居绿色评价方法。

通过实例评价得出以下结论：

（1）西北绿色乡村民居建设的目标，应当追求性能与投入的最佳平衡点，即在保证居住质量的前提下，通过灵活的方案组合，实现经济投入与建筑性能的最佳平衡。

（2）西北绿色乡村民居建设的途径取决于社会成本，包括住户个人经济承受能力，以及社会资源与能源成本。西北民居绿色评价内容，应当优先鼓励通过建筑设计手段，实现优良的建筑性能，并宜结合生产生活，就地处理环境负荷。

（3）"绿色建筑"在各种约束条件下有多种表达方式，西北民居绿色评价标准的设立应取决于外部条件对乡村居住建筑的影响与约束。

本书从建筑学专业角度出发，重点探讨西北乡村民居的绿色评价内容，通过对示范项目进行评价，为西北乡村绿色民居的建设提出设计建议，期望对丰富民居研究理论，推进西北民居建设的良性发展，科学规范乡村绿色民居建设，起到积极的作用。

本研究是国家自然科学基金项目"现代乡村建筑绿色评价的指标体系研究"（51408474）的研究内容之一，同时受到国家自然科学基金项目"西北乡村新民居生态建筑模式研究"（51178369），国家自然科学基金创新研究群体科学基金项目"西部建筑环境与能耗控制理论研究"（51221865）的支持。

1 绪论

1.1 西北乡村民居绿色评价的需求

1.1.1 发展中的乡村民居

我国西北地区自然环境恶劣，经济发展滞后，截至"十一五"末，仍然有60%以上的人口生活在农村，乡村民居建筑面积达 10.5 亿 m^2，约占本地区总建筑面积的 50%。实现健康、高效、舒适的乡村居住环境，对加快我国建筑节能步伐，实施可持续发展战略起到举足轻重的作用。

近年来，我国西北乡村民居建设已经进入了更新换代的高峰期，然而现状却是，传统民居的衰落与新建民居的缺陷并存。传统民居的"性能缺陷"连同其"低能耗"、"低成本"等优势一起被淘汰；建设量猛增的"新式"乡村民居，往往只是较为盲目地复制了城市建筑形象，却导致了建筑质量差、环境负荷大等问题。

面对有限的资源承载力与不断上涨的居住需求这一矛盾，乡村民居仍然通过自发演进、缓慢试错的方式来调试自身与环境的关系，大量建设活动缺乏科学有效的规范与管理，对民居建设中的节能与环境保护也没有建立相应的鼓励措施，导致乡村建筑质量低下，在建造、使用过程中能耗和污染都很严重。

因此，相对于建设规模集中、技术手段工业化的城市建筑，乡村民居的建设要走上健康、高效、舒适的发展道路更需要科学、高效地进行规范，并形成相应的鼓励机制。这样才能明确民居的"绿色"建筑目标，将建设中的消耗控制在有限范围内，同时，推进乡村建设的良性发展。

1.1.2 科学的行业规范

乡村绿色建筑的规范与科学发展需要行业内的各种支持与努力，如开发绿色建筑技术、建设完备的制度以及相应的激励措施等。其中，"制度革新的获益比技术革新更为重要"[①]，是行业内建设规范与科学发展的保证。评价体系（标准）是行业

---

① 绿色建筑论坛.绿色建筑评估[M].北京：中国建筑工业出版社，2009：23。

制度的重要内容，或者说建立适宜的绿色建筑评价体系，是乡村民居建设规范与科学发展的必备条件。

综合评价是指为了认识事物的本质，揭示事物的发展规律，通过一定的方法和手段，以统计数据为依据，对评价内容进行综合，得出概括性的结论。绿色建筑评价体系，是量化标识民居"绿色性能"的科学基准。通过建立绿色建筑评价体系（标准），能够对绿色建筑目标的概念加以明确，对建筑环境性能进行量化评价，并规范行业建设，同时为设计者、使用者提供有效的反馈信息，并鼓励行业中的优秀作品。

国外许多国家的实践经验都证明了其有效性，近 20 年来，各国开发的建筑环境性能评价体系不下百余种。我国也在 2006 年，通过《绿色建筑评价标准》（GB/T 50378—2006）的颁布，在规章与制度的层面对我国绿色建筑的基本概念和原则进行初步确立。在行业内，许多关于建筑环境性能综合评价的研究也由此展开。

对本书的研究对象——西北乡村民居而言，将民居的建设科学化与规范化，需要建设科学合理的绿色评价体系，在相应层次上设计可操作性强、针对性强的评价内容，从而避免乡村民居建设中的随意性，也能够对乡村绿色建筑的研究从定性走向定量。

1.1.3 绿色建筑评价体系的适应性研究

我国地域辽阔，不同自然环境、社会条件下的建筑会表现出不同的技术与文化特征，各地区民居发展面临的制约与资源优势不同，由此制定评价标准的衡量尺度，以及其所预期达到的目标也不同。因此一套单一的评价标准难以适用全国，西北地区的乡村民居建设也难以直接套用其他地区的经验。

西北地区是我国地理、气候条件最复杂的地区之一，有着独特的气候环境，漫长的冬季，风多，雨少，日照强度高，生态环境脆弱，同时也是多民族聚居地，地域文化特色鲜明，经济发展相较我国其他地区滞后。西北地区的民居绿色建筑评价体系需要因地制宜，针对地区特点设计。

为了使建筑环境性能综合评价体系具有良好的适应性与弹性，其他国家与地区通常使用的办法是进行地方版本的开发。例如，由适用范围广的版本（如全国性版本），衍生出一套地方版本，对原有版本条目进行修正与核对，如日本的《建筑物综合环境性能评价体系》（CASBEE）等；或者单独开发出增补的部分，如美国的《绿色建筑评估体系》（LEED）等。

但是，以上方法并不适合于本书的研究。我国现行的具有代表性的评价体系，如《绿色建筑评价标准》（ESGB，2006 年，GB/T 50378—2006）、《中国生态住宅技术评估体系》（CEHRS）等，其制定是以既有规范为基础形成的基本体系框架，根据这一体系形成的评价目标相对单一，差别仅取决于各地规范与法规的实施细则。而现阶段我国相关的技术标准和规范多针对城市建筑设立，关于乡村建筑的部分许多还有待完善，对于乡村民居的评价体系的建立，并非将其他评价体系中关于规范与法规的部分替换掉就可以。

另一方面，与城市住宅相比，乡村民居建设中面临的矛盾也更多样，因此其绿色建筑评价目标也一定不相同。例如城市住宅鼓励集中、高效的节能目标，而分散的乡村民居则不可能走相同的用能道路。由此，乡村民居关于能源、资源、居住质量等评价内容的性质及其重要性排序，都与城市住宅不同。以《绿色建筑评价标准》、《中国生态住宅技术评估体系》等针对城市设计的评价体系为基础版本，进行修订或者增补都难以充分反映乡村民居的绿色评价目标，需要因地制宜，制定西北地区乡村民居的绿色评价目标，并由此展开评价体系的研究。

1.2 研究空白

近年来，关于"绿色建筑"、"可持续发展建筑"、"生态建筑"等相关的建筑环境性能评价研究成果十分丰富，但是仍存在以下问题：

（1）乡村民居的绿色评价目标有待明确。在乡村绿色建筑建设方面，有大量的研究成果，但多为设计与技术措施提供指导，换言之，"设计指南"多，"评价体系"少，而"设计指南"提供的信息相互独立，难以反映出措施实施应用后的综合效应；在综合评价研究方面，我国已经颁布了《绿色建筑评价标准》以及各地区的相关地方标准，同时还有许多研究成果也被广泛接受，如《中国生态住宅技术评估体系》等，但研究对象集中在城市建筑，对乡村建筑部分尚有待完善。

针对上述情况，应当针对乡村民居的特点，提出明确的绿色评价目标，而非"绿色设计策略"或"生态技术措施"。

（2）不同专业之间存在研究的空白地带。综合评价作为一个多学科交叉的研究领域，不同的专业都会以不同的出发点对此展开研究。建筑环境性能的综合评价也是如此，除了建筑学科以外，管理学科、系统工程学科、环境学科、经济学科都在该领域的研究中作出了贡献。但是各学科的研究观点不尽相同，对于设计一套客观科学的建筑评价体系，其他学科在评价方法上的关注较多，例如基于模糊数学法、数据包络法、灰色综合法等数学方法的研究。这就导致了对评价对象认识存在不足，而且模型过于专业，评价体系操作性不强。而建筑专业研究又往往难以通过数学手段，建立有效的评价模型，会带来评价标准缺乏独立权重体系，体系操作时主观因素较强等问题。

针对上述情况，应从建筑行业的角度出发，对评价对象进行研究——如评价内容的选择，指标体系的优化，权重的基本排序等，再通过基本数学方法建立基础模型，使之成为一个简洁而完善的体系。这样，才有可能在后续的发展中，结合其他专业的力量完善该评价体系——如进一步通过数学方法对指标、权重进行修正等。

（3）评价体系的设计，与评价推广方式联系不够紧密。评价体系的设计是出于研究目的而精确度量建筑的环境性能，还是成为推进行业市场改革的工具而强调经济性和鼓励创新，或者作为监管行业的标准而关注使用结果，都决定了评价内容的设计方向。

关于建筑环境性能的综合评价，我国的研究多从专家学者、监管者的角度出发，因此评价内容的设计缺乏对使用者鼓励措施的考量。这是因为，以往研究多以城市建筑为对象，而城市住宅的"绿色建筑"建设可以通过规范和制度，分解在设计、施工、建设各个环节中加以控制，因此从监管者的角度建立评价体系，针对使用结果进行评价就很有效。即使如此，也还面临评价体系与实践操作脱节的问题。例如，监管者制定的目标难以与开发商、购房者的利益达成一致，或者能源专家制定的节能标准在设计环节难以执行等。

对乡村民居而言，其建设的过程更多地控制在住户手中，住户往往身兼投资、设计、施工、使用多重角色于一身，其"绿色建筑"目标的达成以示范、鼓励、推广的方式实现最为有效可行。因此，乡村民居绿色评价体系在评价内容的设计上，应当基于乡村地区实际情况，与操作性强的设计内容结合，并保证评价结果能够有效成为建设过程中的反馈信息。

1.3 研究的目的和意义

1.3.1 研究目的

以最小的能源和环境代价实现健康舒适的居住质量，是发展绿色建筑的目的之一，由此展开的设计研究、技术措施研究、规范标准以及激励措施研究都以此为目标。本书的研究目的不是在我国现行评价标准（如《绿色建筑评价标准》等）的基础上，基于西北地区特点，进行评价体系的调整；而是探讨科学合理、可操作性强、针对性强的乡村民居绿色评价体系，推进乡村绿色建筑建设与发展的科学化与规范化。

本书的研究重点不在于评价方法，而是评价内容。从建筑专业的角度，探讨西北乡村民居的绿色建筑目标，并结合地域环境、社会环境、相关研究成果，优化出评价指标体系及其权重排序，并通过对示范项目进行评价，为西北乡村绿色建筑建设与发展提出设计建议。

1.3.2 研究意义

1. 理论意义

我国乡村绿色建筑研究起步较晚，在设计与建造过程中往往缺乏有效的科学指导，建立西北地区乡村绿色建筑的评价标准，能够丰富和发展人居环境理论，延续传统民居的生态优势，激发绿色民居建设的发展潜力。

2. 实践意义

将西北乡村民居的"绿色建筑目标"转化为可以度量、计算和比较的数据，通过它来标识特定乡村绿色民居建设中进步的程度，发现并解决民居建设中现存的问题，指导西北地区乡村民居建设，避免建设的随意性。

3. 指导意义

对建设管理部门而言，西北乡村民居绿色评价标准为乡村绿色建筑建设的管理提供了科学化、可操作性强的理论依据，对于规范和指导民居建设具有现实意义。通过评价体系这一有效工具，对绿色民居作出客观可靠的评定，能够为宏观管理提供依据。

对设计者而言，乡村民居绿色评价标准提供了一个统一的设计规则和比较平台，可以获得关于民居绿色建筑性能高低的反馈信息。

对乡村民居的使用者而言，可以更深入地了解建筑能耗、经济利益、居住健康、舒适水平等切身相关的问题。

1.4 研究方法

构成综合评价的主要内容包括评价目标、评价指标、权重系数、评价模型。从建筑专业角度出发，构建简洁而完善的西北乡村民居绿色评价体系，是本书的重点。

首先基于西北地区的地域条件、社会环境，分析现阶段西北民居发展中面临的制约以及资源优势，探讨西北民居发展中面临的矛盾与需求，并对绿色建筑概念加以厘清，提出西北民居绿色评价的目标。

对现行的具有代表性的评价体系进行分析，结合西北乡村地区的现状，建立评价项目，并在资料分析与专家咨询的基础上，优化出评价指标体系。结合层次分析法（AHP）与德尔斐（Delphi）法进行指标权重的基本排序。

在对示范项目进行试评价的基础上，比对评价结果与实际建设、使用状况，提出该评价体系未来的发展方向，并对西北民居的建设提出反馈信息。

1.5 课题来源

本研究受到国家自然科学基金项目"现代乡村建筑绿色评价的指标体系研究"（51408474）的支持；也是国家自然科学基金项目"西部建筑环境与能耗控制理论研究"（51221865）与"西北乡村新民居生态建筑模式研究"（51178369）的研究内容之一。

2 西北民居

2.1 民居

2.1.1 民居研究综述

"民居"一词虽然被普遍使用，但是关于"民居"的概念界定一直以来却存在许多争议。研究者往往根据自己的立场和着眼点对它的范畴作出不同的规定，出发点的差异会导致不同的研究结果。

1. 以往的研究

我国的民居研究始于 20 世纪 30 年代，龙非了教授的《穴居杂考》论文；40 年代，刘致平教授的论文《云南一颗印》是我国第一篇研究百姓民居的学术论文；而首次将"民居"作为一种建筑类型提出，是在刘敦桢先生 40 年代的学术论文《西南古建筑调查概况》中[①]。这一阶段的民居研究内容集中在考古发掘、建筑测绘、考察调研、文献资料整理等方面，为我国的民居研究奠定了基础。

20 世纪 50 ～ 60 年代，研究者们将这"民居"一建筑形式提高到一定地位，转变了中国古建研究偏重在宫殿寺庙、陵墓坛庙的视角，并通过广泛展开测绘调研、完善图纸资料等工作，将我国传统民居的建筑艺术成就和经验推向世界。突出的研究成果有 1957 年刘敦桢教授的著作《中国住宅概况》，中国建筑科学研究院的论文《浙江民居调查》等。然而，这一阶段的工作仍然具有一定局限性，研究方法往往是在民居建筑测绘的基础上，从技术、手法方面加以归纳分析，研究工作停留在单纯的建筑学范围内。多关注民居建筑形式、结构布置、构造做法等，而较少关注民居产生的历史文化背景、社会经济条件以及习俗信仰等。

20 世纪 80 年代至今，民居研究开始进入新的阶段，随着学术交流的加强，研究成果的扩大，研究的观念和方法也得到了拓展，同时深入进行了民居的理论研究，并在此基础上，开展了各种民居的实践活动。在这一阶段中，民居研究开始吸取其

---

① 陆元鼎.中国民居研究五十年[J].建筑学报，2007（11）66-69。

他学科的研究经验与方法，从单纯的建筑学研究范围，扩大到与社会学、历史学、地理学、人类学等多学科进行综合研究，并且研究对象也由单体、小聚落扩大到地区、地域。研究开始注重对社会形态，人的行为活动、思想文化方面的探讨，希望解释民居的成因、发展规律并建立它与相关的社会思想和文化观念之间的联系，使研究成果可以全面、深刻地揭示民居发展演变的规律和特征，更好地表达民居建筑的自然、社会、历史、人文面貌及其艺术、技术特色。其研究现状可以被总结为：民居研究与社会、文化、哲学思想结合，与形态、环境等方面相结合，与营造、设计法相结合，与保护、改造、发展相结合[①]。

与之前的研究阶段相比，20世纪80年代至今这一阶段的重大进步不但反映在研究视角的开拓，而且反映在对民居未来发展的关注，是民居研究为我国的新建筑服务，例如对历史城镇的保护、社会主义新农村建设，以及在可持续发展社会背景下进行的乡村绿色建筑、生态民居研究与实践等。这些成果在保护传承地域文化的同时，为未来人居环境的建设提供了科学方法和依据。

2. 以上研究对民居的界定

可以看出，在以往的研究中，对"民居"一词的定义各有不同，因而导致不同的研究范围与研究方法。同时，还有一些学者认为民居的概念不应仅局限于住宅建筑，其内涵还应扩大到城镇和村庄聚落，以及与生活相关的各类建筑。

"民居"的字面意思为"民间的居住建筑"，其定义在《中国大百科全书》中为"宫殿、官署以外的居住建筑"[②]，这一概念界定，将民居作为人的居所，而与宫殿、寺庙、坛庙等区分，包括处于城市或者乡村的居住建筑单体、院落、宅院等。在一些针对传统建筑文化保护的研究工作中，或者历史研究中，往往从这样的概念出发。

除此之外，还有某些研究主张以"乡土建筑"或者"Vernacular Dwelling"的概念为"民居"定义。"乡土建筑"被界定为非官式的、非专家现象的限于日常生活领域的人类居住建筑环境，甚至包含更广的范畴，例如聚落研究、建筑文化圈研究、装饰研究、工匠研究、有关建造的迷信和礼仪研究等等[③]；而"Vernacular Dwelling"被界定为"人们的住所或是其他的建筑物。他们通常由房主和社区来建造，与环境的文脉及适用的资源相关联，并使用传统的技术。任何形式的乡土建筑都可以因特定的需求而建，并同促生他们的文化背景下的价值、经济及其生活方式相适应"，其特征为：本土的、匿名的（无建筑师设计）、自发的、民间的（非官方的）、传统的、

---

① 陆元鼎. 中国民居建筑 [M]. 广州：华南理工大学出版社，2003：4-6。
② 中国大百科全书：建筑园林城市规划 [M]. 上海：中国大百科全书出版社，1988：327。
③ 陈志华. 说说乡土建筑研究 [J]. 建筑师，1997（4）4-6。

乡村的等①。这一种定义的视角，投向了"居者自建"乡村地区。研究"地方材料与本土技术"、"地域适应性"、"地域情感认知"等方面，往往从这一角度出发。

3. 以上研究的特点

通过分析，可以看出，在关于"民居"的研究中，以下概念界定"民居"成果较多：

概念1，作为研究对象的"民居"已经成为"文物保护对象"，或者"游览参观对象"，例如，山西的乔家大院作为建筑博物馆，售票开放，不再具有民居的属性；又如陕西韩城党家村，进行了旅游开发，虽然仍旧有人居住，但是住户的生产方式是为游客提供餐饮、住宿等旅游附加服务，民居已经成为房主的"生产工具"。这类民居建筑由于其特殊性，已经脱离了其作为居住建筑的功能，同时，它们建筑质量高，往往代表了其建造时代的最高建筑水平，但是并不具备代表性。

概念2，这种研究视角强调"乡村民居"产生背景的特殊性——即城乡差异、古今差异等——将"传统民居"与"现代城市住宅"割裂开来，强调"乡村"与"城市"的区别，或者"传统民居"与"当代民居"的区别。这种划分和界定只是根据表面现象标明了属性和用途特征的差异，却难以充分表达出居住建筑的本质，例如，将民居定义为"使用本土材料的"、"无建筑师参与的"、"传统的"、"乡村的"等。

在以上视角下展开的研究工作，有利于静态地研究传统民居的历史、文化、空间、风俗等，可针对现状问题，提出技术方案，但是对民居未来发展，却难以给出有效的解答，反而容易使研究工作受到表面现象的影响。会导致如下问题，例如：

（1）过分强调乡村民居的缺陷，而将城市住宅的空间与技术措施直接运用到乡村，或者在某些历史街区、历史城镇的保护中，简单移植乡村民居的建筑风貌。希望简单地利用现代技术改造，解决表面缺陷与问题，忽视了居住建筑产生的土壤——经济基础、人的需求和社会文化传承等。

（2）简单地借用现代功能主义理论和思想将民居简单化、功能化，忽视了民居建筑的产生背景，即民居并不是由使用功能原因产生而发展的，故功能非主要矛盾；民居发展的主因是生产生活方式和家庭结构变迁，导致的空间不适性以及对农村生活需求的无法满足。

因此，民居研究，不能仅仅从表象出发，以"匿名的（无建筑师设计）、自发的、民间的（非官方的）、传统的"等表象来作为"乡村民居"的概念。如果带着发展的眼光看待民居的问题，就不能割裂其居住的本质。

①　Paul Oliver. Encyclopedia of Vernacular Architecture of the World[M]. London: Cambridge University Press, 1977.

2.1.2 乡村民居与城市住宅

1."民居"的本质——乡村民居与城市住宅的共性

民居作为人类最早构筑出来的最基本建筑，是建筑发展演变的根源。事实上，民居是建筑发展演进中最具代表性的产物，也是构成实质环境的主要元素[①]。

就建筑的本质来说，"现代城市民居"和"传统乡村民居"是一样的，两者都属于居住建筑。通常，在民用建筑范畴内，根据建筑物的属性和人的行为特征（使用功能）的差异，相对于公共建筑而言，另外的一大类建筑则被划分为居住建筑。

"居住建筑"包括"居"（Dwelling）和"住"（Habitat）两个方面内容，二者侧重不同。

"住"指的是为居住者——人的基本生理行为（包括吃饭、睡觉、劳动等）提供容纳与适宜的物理环境，对应的就是"房子"（House），在意义上更倾向于物质层面概念。相比之下，"居"指的是居住者的生活行为所涉及的领域，包括了房子内部和外部、邻里以及公共空间的所有行为，对应的是"家园"（Home）。"居"除了具有扩大的物质空间范畴，还进入到人的精神领域，表达出居住空间对人的意义，诸如归属感、亲密感、领域感等等[②]。

"住"与"居"体现了人们需求的不同层次，并在不同情况各有侧重，在理想状况下，应该追求二者的统一。可以看出"住"是"居"的物质基础和前提，"居"是"住"的精神理想和更高追求。因为条件限制，人们总是首先满足"住"的基本需求，在此之上再争取"居的"精神的境界，这个顺序一般是不会搞错的。既能获得高质量的物质空间，又能拥有精神意义上的家园，对每个人来说都是一种幸福的状态。

由此可见"民居"的概念包含以下内容：

首先，民居是人们日常起居的主要空间，人的大部分时间都是在住宅中度过的，一套住宅容纳的是一个家庭的生活，与生活方式密切相关。民居在自然地理条件、时代技术条件、住户经济条件与需求的先决条件下，提供适宜的环境来满足使用者的生理需求，如庇护安全、保温隔热、比例尺度合适的几何空间等。

其次，民居不只满足住的物质功能，而且还是改进生存状态、实现个人价值、适应社会发展的契机。满足人们生理和安全需求的基本功能之外，还需要考虑那些更高的需求层次，譬如：归属与爱、尊重和个人价值的实现等等内容不但要满足人们的精神要求，还需要适应未来社会发展的趋势。

---

① 何泉.藏族民居建筑文化研究[D].西安：西安建筑科技大学，2009。
② 荆其敏，张丽安.中外传统民居[M].天津：百花文艺出版社，2004：1-2。

由此可见，就居住建筑的本质而言，"乡村民居"和"城市住宅"是一样的，"传统民居"与"当代居住建筑"也是一样的，都要满足人们基本的居住生活需要，都是人对于环境应对的产物，其不同之处在于，对于外界条件的反映方式不同。在城乡一体化的进程中，城市与乡村追求的是共同的富裕程度与幸福感，对于民居而言，城市与乡村追求的居住质量也是一样的，只是在应对环境问题时，其应对措施不同而已。

例如，在一些讨论中，认为导致乡村民居与城市民居的重要区别之一是建设方式，即由于自建导致乡村民居建筑空间形式较随意，更容易受到居住者的影响。表面看似乎如此，实际上就居住的本质而言，城市住宅房主对自家住宅的装修与此并无分别，而自行装修带来的问题也并不少。实际上，乡村民居的自发建设，是由土地制度决定的，即使乡村经济发展到一定程度，设计与建设水平与城市相当，也不可能像城市住宅一样"批量生产"，只是其建设环节对住户来说可控性较强。

2. "乡村民居"与"城市住宅"的区别

前文说到，城市民居与乡村民居的居住功能是一致的，其差异是由于生活在其中的人不同而带来的，例如：生产方式、谋生手段、收入水平、价值取向、生活目标等等。这些内容投射到建筑这一物质载体上，造成了明显的差异。城市与乡村住宅的生产与生活方式的差异，才导致住宅建造目标、过程、方法有所不同。

另一方面，作为居住建筑的民居，无论其身处何处，身处何时代，又都是一定自然环境、社会条件、经济形式下的产物，在不同的环境下，会产生出与环境最相适应的民居模式。以上这三个条件，导致了居住建筑的多样性，"乡村民居"与"城市住宅"的区别即由此产生。

城市住宅规范的建设管理程序、集中式的建设方式、设计手段，是"城市居住者"面对城市环境的居住应对措施。在现代工业基础的土壤上，城市住宅更加主动地通过现代技术适应、调节和控制，营建更舒适的居住环境，满足人的各种需要；相对生产力落后的乡村民居，往往只能被动接受和适应，当还是无法满足时，往往通过约束自己的合理需求达到相对的满足。生土民居就是最好的实例，采用热惰性大、容易加工、成本低廉的本土建筑材料，然而冬季室内温度仍然偏低，但是如果降低要求就在忍受的范围内。因此，城市与乡村住宅是在满足类似生活行为需求的基础上，两种完全不同的系统，方法、目标、策略、技术措施等等均不相同。

在不同的土壤下，产生出的"城市住宅"与"乡村民居"，其差异自然就很明显：

乡村民居居住者对建筑的"控制"更为直接。建设主体就是房主自己，即使预算充裕，进行专业的设计与施工，也能完整充分地表达和反映使用者个人、家庭的愿望，个体参与意识强烈，并依靠自我调节和宗族关系调整人与住宅的关系。

相比之下，现阶段城市住宅的建设主体一般为开发商、企事业单位等，住户在选择住宅时，仅能通过选择房价、区位来反映一类人的要求（如单位住宅、不同档次的小区等），有完善的制度对其进行约束与管理，依靠法律规范控制人与住宅的关系。

乡村民居受外部环境的"影响"也更为强烈。常常分散自建，建筑密度与建筑容积率低，规模尺度较小，因此居住环境受自然条件的影响很大。而且普遍而言，乡村经济落后于城市，因此大多数民居对经济更加敏感，常自行选择地方技术和材料加以应对。图 2-1 所示的民居位于陕西渭北平原地区，部分使用生土建材，部分使用砖，表达了住户在有限的经济条件下，追求好的居住环境的愿望。

图 2-1 选用两种建材的陕西渭北民居
来源：作者自摄

城市住宅往往集中建设，甚至常采取规模和体量较大的集合住宅形式，建筑密度与容积率均高于乡村民居，受自然条件影响较小。同时，城市住宅能够承担较高的成本，可以采用新技术。

由此可见，虽然就居住本质来说，乡村民居与城市住宅差异并不大，但是其应对环境的方式不同。城市住宅作为人为的环境，针对自然地理条件、经济条件的约束，逐一解决问题，甚至可以说绝大多数当代城市住宅是"功能主义"建筑理论的产物；而乡村民居在环境的制约下，却是以"被动的"、"试错的"方式，逐步演变成为较成熟的建筑模式，以适应环境的。所以，研究乡村民居，不能从现象出发，需要分析其产生的土壤和环境。

2.1.3 "民居"概念界定

本书的研究对象"西北民居"，指西北地区的乡村民居，是那些以自有土地为劳动对象，从事农业生产为主要谋生手段，居住在非城镇地区的农业人口，解决居住问题的建筑形态。如前文所述，"文物保护建筑"、"旅游建筑"等不在本书研究范围内。

在前文概念的基础上，研究乡村民居应比较"城市"、"乡村"作为居住建筑产生背景的区别。"城市"以工业、商业为基本的经济活动内容，人们多从事工业生产和商品交换。与城市相比，"乡村"以农业为经济活动的基本内容，这里的居民以从事农业生产为主要生活来源，是人口较分散的聚落的总称，也称农村。

本书研究对象"西北民居"受以下条件的限制：

1. 生产方式

谋生手段与生产方式，决定了住宅与土地的距离关系以及民居建筑中行为活动内容的特殊性。因此，本书所提及的"乡村"范畴，不直接以户籍划分，而是以谋生手段与生产方式划分。

以下生产方式不在本书研究范围内：相对分散的农业生产，如渔业、林业、牧业、采集等；虽然住在农村而主要生活来源脱离土地，如农副产品加工、商品交换、打工等形式。

我国的现实情况是"人多地少"，同时，长期以来实行的户籍制度、土地管理政策以及以户为基本单位的农业生产形式等，决定了农村住宅与土地十分密切的关系。人均土地面积相对较少，加上土地权属的限制，每户乡村家庭能够直接拥有的农业用地面积十分有限，只能采用以家庭为基本单位的分散农业生产方式，人与土地的关系十分密切，生产出行距离很短。这一点从村落与耕地之间分布的特点可以清楚地看到，"斑块"式的村落就是我国农民因地而居的证明。人们总是居住在自己土地的周边、中心附近，力求方便日常的生产活动和土地管理。

在乡村民居的使用中，日常居住行为的特殊性反映到建筑上，表现为"绝对功能的弱化和相对复杂化"，这是由乡村生产方式决定的。相比城市住宅，在乡村民居中，建筑的居住功能表达得并不十分单纯，与其他功能混杂在一起，造成绝对居住功能的弱化；同时需要考虑家庭起居空间内的一般性生产活动，导致民居空间内功能的多样化、复杂化。以农业生产为生的农民住户，居住生活与生产活动密不可分，居住环境中被赋予了较多的功能，例如，房间、院落都可能充当临时的劳作、仓储场所，导致生活、生产空间的界限较模糊。

与此相反，在城市生活中，由于社会分工明确，人们的生产与生活相对独立，在城市住宅中从事的活动完全具有生活属性，而工作场所则只发生生产行为。例如在家中居住、睡觉、吃饭，在工厂车间、办公楼等地方只发生那些与谋生工作有关的生产行为。

还存在另外一种情况，即：虽然居住在乡村地区，但生产活动已经完全脱离了农业生产的人，从严格意义上讲，这部分人对住宅空间中的功能要求和城市住宅是一样的，不需要辅助性的农业生产、加工或准备活动。这种情况不在本书研究范围之内。

2. 地域环境

本书所指的"西北地区"为国家行政区域的划分，包括陕西、甘肃、宁夏、青海和新疆五个省区（包括新疆生产建设兵团所在地区）。

长久以来，我国乡村经济多以一业（农业）为主，自给自足的乡村经营生产模式，决定了乡村生活与地域自然环境之间关系十分密切。农业生产需要择地劳作、择地而居，广泛使用地方材料，随之产生因地制宜的建造方式。

农业生产对地域自然环境的具体需求决定了乡村聚落的选址，如太阳光照、温度、降水、地势、土壤肥力、离水源距离等等和民居聚落选址的要求基本是一致的。这些决定了民居与地域自然环境之间紧密的联系，必须适应环境的要求，才能在特定的条件下长久居住，发展生产。因此，西北民居的建筑形式，直接受到西北的地域环境的影响。

3. 土地制度

前文中提到，"自建"、"合建"并非乡村民居区别于城市住宅的主要原因，即并非由于缺乏技术力量的民间自建导致了两者本质上的差别。随着我国城乡一体化进程的加速，乡村经济的发展，乡村民居的"自发建设"并非"不请设计院，不请施工队"，而是作为小规模建设的住宅，其建设环节在住户手中可控。

首先，我国农村现在普遍施行的宅基地政策决定了乡村住户只能通过自建、合建的形式来满足居住的需求。西北多数乡村地区的宅基地划分方式，是根据当地土地资源的稀缺状况，由村集体向各户提供一定面积的土地进行住宅建设，宅基地划分的现实情况多是根据复杂的实际情况分块、分次确定划分形成的，农民住宅建设也是基于此种现状分期、分批、渐进式发展的。由于住户对住宅的要求各异，分布不集中，建设时间无规律，且单位工程量小、造价低，这样分散自建的形式在当前也许是最适合国情的了。

另一方面，在我国农业生产总体上是相对分散独立的小规模生产活动，以家庭为单位的基本经济单元之间相对独立，乡村住宅也难以实现大规模集中建设，往往通过住户自建、合建的形式解决农民的居住问题。

2.2 西北民居存在的客观条件

2.2.1 地理气候

本书所指的"西北地区"为国家行政区域的划分，包括陕西、甘肃、宁夏、青海和新疆五个省区（包括新疆生产建设兵团所在地区）。地理位置介于北纬31°～49°，东经74°～111°之间，约占全国总面积的1/3，地域十分广阔[①]。

西北地区地域辽阔，山地、高原、盆地并存，地貌相差悬殊，海拔由中国大陆最低点的吐鲁番盆地（高程为−154m）到世界第二高峰的昆仑山乔戈里峰（高程为8611m），相对高差8765m。生境系统十分复杂，境内有广大高寒的高原，终年积雪的高山，干燥炎热的盆地，类型多样的草原，茂密的山地森林，浩瀚的戈壁沙漠，众多的河流湖泊。在气候上，兼跨温带、暖温带和亚热带3个气候带以及干旱、半干旱、半湿润和湿润区4个干湿地区，且以大陆性的干旱半干旱气候为主；从植被方面看，兼有蒙新干草原荒漠区，青藏高原寒漠草甸草原区和东部森林湿润区；在动物地理方面是一个以温带、暖温带干旱气候和高寒山地高原为主的区域，同时有分布于陕南和陇南的秦巴山区亚热带湿润区和分布于黄土高原半湿润、半干旱气候区。

1. 地形地貌多变复杂

西北地区地貌较为复杂，既有高耸入云的山地，也有形状、大小不一的盆地。既有起伏广阔的高原，也有开阔的平原。

西北地区处于我国地势第一、二阶梯之上。地貌从形态上可分为山地、高原、丘陵、盆地和平原五大类型，山体纵横交错或与高原一起构成地貌的基本骨架，丘陵、盆地、平原分布于该框架之内，各种类型的地貌存在很大的差异。

在乌鞘岭以西，祁连山和昆仑山一线以北地区，以及柴达木盆地地势较为平坦；青海高原由一系列高山、山间盆地和高原组成，地势高峻，黄土高原为丘陵地形；关中平原、甘肃渭河谷地平坦，陕南、陇南地区为山地。

在该地区的高山带，气温低导致降水多以雪的形式出现，未及消融的积雪长年积累，经过成冰作用发育为冰川；西北绝大部分地区都处于风蚀区，从西北的准噶尔盆地、塔里木盆地、柴达木盆地、河西走廊到黄土高原均受风蚀影响，且极为严重。只有秦巴山地因秦岭的阻隔，风蚀影响不大。这一地区广阔的陆地上分布着众多的河流，河流按其水量持续的时间分为常年性、季节性和间歇性三类。河流及其各大、小支流在流动过程中对地表产生冲刷力，形成小地貌。

2. 气候干旱，温差大

1）气候变化复杂

西北地区横跨温带、暖温带、亚热带、高寒带，既受东南季风影响，又具有蒙新高原和青藏高原的特点，所以水平地带的气候多样，既有湿润区、半湿润区，又

---

① 王军：西北民居[M].北京：中国建筑工业出版社，2010：18。

有半干旱区、干旱区。西北五省中的陕、甘、宁、青四省区在生态地理上处于过渡带位置，是我国东南部的湿润、半湿润地带，向西北部半干旱、干旱地带的过渡。陕南、甘南部分地区处于亚热带湿润气候下，而甘肃河西走廊的西北端已经属于极旱荒漠。另外区域内众多的高大山脉，在垂直方向上又形成了高山寒冷湿润带、半湿润半干旱带、河川干旱温暖带的立体气候差异。总的来说，西北地区地域辽阔，地貌复杂多样，气候要素的分布很不均匀。

2）降水量少，分布不均

西北地区地处欧亚大陆腹地，东西距离很长，区内高原面积广大，西南部的青藏高原以及位于其上的喜马拉雅山、冈底斯山、念青唐古拉山、昆仑山层层阻挡，拦住了来自印度洋的水汽；东南部的长白山—千山山脉、大兴安岭—太行山山脉、吕梁山山脉、贺兰山—六盘山层层阻隔，挡住了来自太平洋的水汽；北部的阿尔泰山、天山截拦了来自北大西洋的少量水汽。由于这些阻碍的存在，大陆周围的海洋湿气流不易到达，降水很少，干旱严重。

各季降水量的分布基本可分为 3 个区域，天山以南到青海柴达木盆地一带是西北地区的降水量最少区，天山以北和青海中部及甘肃河西走廊一代为降水量稍多区，甘肃中部以东地区为相对多雨区。其中陕西关中和陕南为降水最多区。

年降水量的分布趋势是从东南至西北由多到少，又由少到略有增多。陕西南部、甘肃南部、青海东南部年平均降水量为 500 ~ 1000mm，雨水资源充沛；陕西中北部、宁夏大部、甘肃中部、青海中东部年平均降水量有 100 ~ 500mm；甘肃西北部、青海西北部、新疆中南部年降水量一般不足 100mm，青海西北部的柴达木盆地和新疆的塔克拉玛干沙漠、吐鲁番盆地等地年平均降水量在 20mm 以下，这些地区受其周围高山的包围，水汽很难到达，气候十分干旱，除了少数地方外，大多为沙漠、戈壁或荒漠；北疆地区年降水量有所增加，约为 100 ~ 250mm 左右[1]。

3）区内气温变化大

西北地域广阔，地形复杂，高山与平原、盆地相间，沙漠与绿洲共存，所以气温的空间分布差异较大，受地形影响非常显著，气温随地形条件和地理位置不同而变化。

以年平均气温为例，其分布趋势与地形变化密切相关。西北五省年平均气温的变化在 0 ~ 16℃之间，从东南部到西北气温逐渐降低——陕甘两省秦岭以南，受东部季风影响，气候比较温暖，年平均气温一般在 12℃以上，陕甘其他地区及宁夏

---

[1] 丁一汇，王守荣. 中国西北地区气候与生态环境概论. 北京：气象出版社，2001：5-9。

年平均气温在 8℃ 左右，在青海省东南部，山地起伏，气候严寒，年平均气温只有
−4 ～ 0℃；再往西北去，气温又逐渐升高，有柴达木盆地、塔里木盆地、吐鲁番
盆地这几个气温相对较高的暖中心，吐鲁番的年平均气温可达 14.3℃；至新疆天山
一带由于地势陡增，气温迅速降低，这里是西北五省中年平均气温最低的地方；越
过天山之后，天山北麓、准噶尔盆地南部边缘，气温有所上升；再向北去，新疆最
北面的阿勒泰地区也是山区，气温又稍有下降。

以四季气温为例。冬季，西北五省区 1 月的平均气温分布趋势与年平均气温分
布相似，而在三大盆地，即柴达木盆地、塔里木盆地和准噶尔盆地，当寒冷空气进
入后，受到周围山脉的影响，冷空气沉积在盆地低层，出现了"气候逆温"的异常
现象，即月平均气温随海拔增高而升高；春季是冬季向夏季过渡的时期，太阳辐射
变化大，冷暖气团交锋频繁，天气多变，陕西中南部、甘肃东南部已经是春暖花开，
4 月平均气温达到 12 ～ 16℃，而青海省东南部只有 0℃ 左右，新疆由于下垫面以戈
壁沙漠为主，气温上升很快，4 月平均气温为 10 ～ 16℃，吐鲁番甚至达到 19℃；
夏季西北的气温特点是气温日变化幅度大，昼热夜凉，7 月平均气温最高值出现在
吐鲁番，为 32.4℃，最低值在青海东南部玛多，为 7.5℃；秋季西北各地降温较快，
陕西中南部、甘肃南部和南疆 10 月平均气温在 10 ～ 16℃，其他地区大多在 0 ～ 10℃
之间，青海省东南部与新疆天山中部最冷，10 月平均气温已降至 −3 ～ 0℃ 左右。

3. 自然能源丰富

我国广大的西北地区因所处的特殊位置和地形，形成了世界最大的具有典型大
陆性气候的干旱和半干旱区，既存在着气候恶劣、干旱缺水、植被稀疏、灾害频繁、
环境污染严重等生态环境问题，又是一个自然资源丰富的地区。

2012年西北地区能源基础储量与全国比较　　　　　　　　　　　　　　表2-1

	陕西	甘肃	青海	宁夏	新疆	全国	比例（%）
煤炭（亿t）	108.99	34.08	15.97	32.34	152.47	2298.86	15
石油（万t）	31397.94	19184.32	6499.55	2299.47	56464.74	333258.33	34.76
天然气（亿m³）	6376.26	224.58	1281.6	294.96	3924.37	43789.88	27.6

来源：中华人民共和国国家统计局.中国统计年鉴2013[M].北京：中国统计出版社，2013

西北地区特殊的自然条件使得其成为全国自然资源禀赋好而生态环境最弱的地
区。西北地区是我国能源资源种类组合最为齐全的地区之一。石油、天然气、煤炭、
风能和太阳能等能源资源蕴藏丰富，且均在全国占有重要地位。

首先，西北地区的战略能源特别丰富。西北地区的战略能源储备量当中，煤炭

储量占全国的近 15%，石油储量约占全国的 34.76%，天然气储量占全国的 27.6%（表 2-1）。

另外，西北地区还拥有丰富的新能源和可再生能源，如太阳能、风能等。西北地区风能可采量约占全国 40%，新疆、甘肃、青海等是我国大陆风能资源最丰富的地区，其可开发的储量分别为 3433 万 kWh、1143 万 kWh、2421 万 kWh。

太阳能资源也较为丰富，全国 2/3 地区日照小时数大于 2200h，甘肃、宁夏、新疆、青海等绝大部分地区的年日照时数大于 3000h，年均辐射量约为 5900 MJ/m³，具有利用太阳能的得天独厚条件。

4. 生态环境脆弱敏感

西北地区自然资源十分丰富，但是这些丰富的自然资源并没有改变西北地区生态环境脆弱的面貌。该地区国土面积达 300 多万平方公里，约占全国总土地面积的 30%，其中耕地面积不足全国的 10%，水资源只占全国的 10%，是世界人均用水量的 1/20 [1]。

一方面，水资源短缺，导致生态环境恶劣；另一方面，人口快速增长的同时，传统的生产模式没有发生相应的进步，给生产生活的各种资源与环境造成较大的压力。目前西北地区面临的生态环境问题主要表现在以下方面：

1）水资源短缺

西北地区水土资源不匹配，地多水少，水资源严重短缺，是我国主要干旱缺水地区。

西北大部分地区降水稀少，分布不均，而且有效降水更少，蒸发量大。降水量与蒸发量差异悬殊降水稀少而蒸发强烈，地表水量少，而且时空分布严重不均，从而导致了该生态环境十分脆弱。

同时由于受到自然和人为作用的综合影响，特别是人口迅速增长和河流上中游过流耗水，致使下游径流急剧减少，导致西北地区河湖萎缩，湿地退化非常严重。

据统计，西北地区的水资源总量为 1515.87 亿 m³，其中地表水为 1413.08 亿 m³，地下水资源为 945.06 亿 m³。依据西北五省区的水资源潜力，在充分考虑生态环境用水后估算西北地区最大承载力，2010 年水资源可以承载 7976.12 万人，而 2006 年西北地区总人口已经达到 9543 万人 [2]，目前已经处于严重超载状态。

2）土壤贫瘠水土流失

西北地区土壤侵蚀的总面积达到 305.17 万 km²，而且强度侵蚀面积比例达到

① 林奇胜，刘红萍，张安录. 论我国西北干旱地区水资源持续利用[J]. 地理与地理信息科学，2003（3）：54-58。
② 童玉芬. 中国西北地区人口承载力及承载压力分析[J]. 人口与经济，2009（6）：1-6。

16.5%，远高于我国其他地区 [①]。

水土流失与土壤贫瘠并存是当前威胁西北地区最大的生态灾害。由于占据西北地区一定范围的黄土高原的土壤质地相对松散，抗冲击能力较差，在同等降雨程度下容易发生水土流失，从而造成了土壤日益瘠薄，田间持水能力下降。同时，西北土地沙漠化也非常严重，该区一些地方由于灌溉方式不当，导致土壤盐渍化。另外还有一些地方土地撂荒，长期放弃使用，由此导致了西北土地资源的破坏和退化。

2.2.2　乡村社会环境

1. 经济发展缓慢

西北地区是我国面积最大的经济区域，而经济发展却相对滞后。例如，2008 年西北 5 省（区）国内生产总值为 16950.15 亿元，仅占全国的 5.4%；到 2012 年，西北 5 省（区）国内生产总值虽然增长至 31844.02 亿元，但仅占全国的 6.1%（表 2-2）。改革开放以来，西北地区经济发展缓慢，与东部的差距越来越大。

与此同时，西北乡村地区的贫困问题则更为突出。西北大部分地区处于我国的干旱地区，自然环境恶劣，经济文化落后，人口问题严峻，特别是贫困人口问题尤为突出。当前西北地区贫困人口比重仍然较高，贫困人数总量大，分布广，贫困程度深，治理难度大。在全国 592 个国家级重点贫困县中，西北地区就有 143 个，占全国的 24.16%。其中，有 50 个国家级贫困县分布在陕西，43 个在甘肃，27 个在新疆，15 个在青海，8 个在宁夏。

地区生产总值以及全国国内生产总值（亿元）　　　　　　表2-2

	2008	2009	2010	2011	2012
全国	314045.4	340902.8	401512.8	473104	518942.1
陕西	7314.58	8169.8	10123.48	12512.3	14453.68
甘肃	3166.82	3387.56	4120.75	5020.37	5650.2
青海	1081.62	1081.27	1350.43	1670.44	1893.54
宁夏	1203.92	1353.31	1689.65	2102.21	2341.29
新疆	4183.21	4277.05	5437.47	6610.05	7505.31

来源：中华人民共和国国家统计局. 中国统计年鉴2013[M]. 北京：中国统计出版社，2013

2. 社会发展滞后

1）人口受教育程度低

西北地区交通不便，信息相对闭塞，商品经济意识薄弱，尤其是广大农民仍是

---

① 于法稳. 西北地区生态贫困问题研究[J]. 当代生态农业，2005（2）：27-30。

以自给自足的小农经济生产方式为主，乡土观念浓厚，安土重迁。

据统计，2005 年，西北地区大专以上的人口仅占总人口的 5.8%，青海、甘肃、宁夏三省区文盲人口占 15 岁及以上人口的比重分别高达 24.07%、20.83% 和 18.71%，远高于全国平均水平 11.04%[1]。

2）农业人口多

西北乡村地区生产模式相对单一。农民主要以农为生，乡村劳动力绝大部分分布在农林牧渔业领域，西北地区乡村劳动力中从事农业的劳动力比例在 75% 以上。而且与东部地区、中部地区相比，西北地区农民的家庭收入主要来自于家庭经营性收入，其比例在 70% 以上，而外出劳务收入比例、集体经济获得的收入比例以及来自企业经营的收入比例，西北地区都较全国平均水平和其他区域低。

3. 多民族文化交融

我国西北地区自古以来有众多的民族成分，是多民族的聚居区，先后有数十个民族在这里消长。各民族相互促进，相互融合，共同繁衍，共同发展，共同创造和构架了这一地区独特的民族文化。

时至今日，西北地区仍然是我国民族聚居最多和最集中的地区，新中国成立后，我国进行了民族识别，在确认的 56 个民族中，有 19 个民族为西北地区的世居民族，主要有：汉、回、藏、维吾尔、哈萨克、蒙古、柯尔克孜、东乡、土、满、达斡尔、锡伯、塔吉克、乌孜别克、俄罗斯、保安、撒拉、裕固、塔塔尔民族等[2]。

4. 宗教信仰多元化

西北地区位于亚欧大陆的中部，是多民族聚集的地方，是佛教和伊斯兰教传入中国并向中原传播的起点和通道，受到来自四面八方的文化因素影响，宗教形式表现出多元化特点。可以说，西北地区的民族最多，信仰的宗教也最多。民族宗教、区域宗教、世界宗教在这里曾传播、发展、演变。有的消亡了（如祆教），有的融入其他宗教（如摩尼教、景教），有的渐趋中国本土化（如汉地佛教和藏传佛教），有的则相对保持住了自己的宗教传统（伊斯兰教）。

西北世居的民族中，5 种世界性的宗教均有分布和流传。据统计，西北地区信仰佛教、伊斯兰教、基督教、天主教、道教的群众约 2300 多万人，信教群众约占该地区总人口的 50% 左右，其中有 10 个民族信仰伊斯兰教，人口多达 1223 万，占信教群众的 53% 以上，占总人口的 26% 左右。在西北少数民族中，除原始宗教（包括萨满教）的遗迹外，主要是伊斯兰教和藏传佛教。回、维吾尔、哈萨克、柯尔克孜、

---

① 童玉芬，尹德挺.西北地区贫困人口问题研究[J].人口学刊，2009（2）：10。
② 宋仕平，娜拉.宗教文化浸润中的西北少数民族地区乡村政治发展研究[J].民族论坛，2009（8）：32。

东乡、塔吉克、乌孜别克、保安、撒拉、塔塔尔等 10 个民族都信仰伊斯兰教。藏、蒙古、土、裕固等民族大部分信仰藏传佛教①。

同时，西北大多数地区自然条件差，农业主要是自然经济，农民靠天吃饭，农村普遍存在原始信仰，很多乡村自己建有土地庙等，这些原始信仰又和外来宗教融合在一起，形成宗教和原始信仰相融合，宗教与经济活动相交叉的特殊的文化景观。其中最有代表性的是伊斯兰教，在伊斯兰教流行的回、维吾尔、哈萨克、柯尔克孜、塔吉克、东乡、撒拉、保安等多个民族聚居地区，阿訇在社会生活中有很重要的影响力，不仅是当地宗教领袖而且是政治与经济活动的中心，对农民的经济活动影响极大。

2.3　传统西北民居被动适应环境的经验

与现代城市住宅不同，传统民居的发展规律，是在相对封闭、稳定的社会与自然环境下，通过"试错"的方式，与同时代的社会关系、经济水平、生活方式、自然条件相互磨合逐步摸索，发展演变而成熟的建筑模式。这种民居的建筑模式通过经验相传的形式，在乡村建设中被"复制"，一起被"复制"的还有被人们普遍接受的社会生活模式。在这种成熟的建筑模式下，人的生活行为需求与自然条件的约束，在当时的建筑生产力水平下，能够形成相对平衡的关系。因此，传统民居的"绿色优势"、"物理性能缺陷"等，无论优劣，也都是这种模式的一部分。

然而，因为乡村民居的这种发展，长期而缓慢，当外部环境发生变化，就会造成滞后的现象，导致原有的建筑模式不适应新的生产生活。

在西北地区漫长的历史发展过程中，逐渐形成了具有西北特色的民居建筑模式。这种民居建筑形式与当地自然环境和社会环境融为一体，反映了人与自然之间的和谐关系，常常被当作是表现西北地区历史文化传统的最佳载体。

近年来，我国的农宅建设已经进入更新换代的高峰期，乡村的生产、生活模式也处于社会转型期，在这样的时代背景下，传统民居的建筑模式已经难以适应新的居住需求，自发摸索的新建民居多是简单地复制"城市住宅"，"被动试错"的发展方式导致社会成本高昂。

2.3.1　自然环境

民居建筑形成和发展的历史，就是一部人类适应自然环境，利用自然环境的历史，在不同地域自然环境的影响下，也相应形成了各具地域特色的民居建筑。

---

① 娜拉，宋仕平.宗教社会学视角下的西北少数民族传统文化[J].新疆师范大学学报（哲学社会科学版），2007（1）：51。

西北大部分区域常年温度较低，干燥、少雨、多风，其传统民居的建筑形式皆围绕当地特殊的地理环境展开。传统西北民居地处乡村，接近自然环境，同时经济发展较为缓慢，社会变革相对稳定，因而对自然环境的依赖更强。在其形成的过程中，将最大限度利用外部自然资源，获得相对舒适的居住环境（如自然采暖、自然空调等）作为首要考虑因素，西北传统民居形成的出发点即为此。例如，位于西北高纬度严寒地区的民居，其建筑形式往往严实墩厚、立面平整、封闭低矮，以利于保温御寒、躲避风沙，其相应的建筑措施完全适应当地不利的气候条件（图2-2）。而干热的西北荒漠地区，其居住建筑形态则表现为内向封闭、绿荫遮阳、实多虚少，通过遮阳、隔热和调节内部小气候的手法来减少干旱高温气候对居住环境的不利影响。

图2-2　青海高海拔地区的生土民居
来源：西安建筑科技大学绿色建筑研究中心课题组

首先，自然环境影响西北民居的建筑形式。具体来说，西北地区民居建筑普遍具有围合封闭、紧凑低伏、屋顶平缓的形体特征，具有厚重的外墙作围护结构。在风沙大，光照强的西北地区，多采用实多虚少的围护结构，这样能够减少散热面，有效地应对地区气候。

西北民居的屋顶厚度，从西北地区由北至南，从西向东，越来越小，能够反映出气温对建筑的影响。自关中向北（窑洞）屋顶依次增厚，向南则屋顶稍薄，没有覆土；自兰州向西则屋顶形式逐渐变为平屋顶，自银川向南则逐渐由平屋顶变为坡顶，出现屋顶坡度递增的现象。

在西北地区北部地带，太阳高度角较小，冬季抗寒问题对于居住显得十分突出。为了抵御漫长冬季的严寒，并且适应高纬度地区的太阳光热条件，民居建筑需要争取太阳辐射，当地民居普遍朝南向排开，院落开阔，院落面宽远大于院落进深。

其次，传统西北民居在建筑材料的选择上，也多受自然环境的影响，因地制宜，就地取材，如生土、木材、石料等。西北民居建筑中常见作承重和围护结构的生土墙体（夯土、土坯砖、草泥等），利用生土高热容的物理性能，使室内物理环境"冬暖夏凉"。除了典型的生土民居与"窑洞"外，以青海地区的民居为例，当地海拔高、地势险峻，终年气温低而且昼夜温差大，林木稀少。当地传统民居"碉房"，以土石为建材，墙厚窗少，抵御风寒（图2-3）。

图 2-3　青海碉房民居
来源：西安建筑科技大学绿色建筑研究中心课题组

西北地区疆域辽阔，自然环境独特，受其影响的传统民居特色也十分鲜明。从西北传统民居的类型上来看，各种不同类型的民居对自然地形因势利导，对气候适合与应对，对当地建材巧妙运用，其中更蕴含了朴素的生态智慧。

（1）窑居民居。西北地区的腹地多为黄土高原，土壤贫瘠，窑洞民居依山就势，建筑施工省工省料，造价低廉，冬暖夏凉，十分适宜当地居住生活，是西北地区分布很广的传统民居建筑形式（图2-4）。

（2）夯土民居。夯土建筑在陕西、宁夏、青海、甘肃的平原与低山丘陵地带有广泛的分布，就地取材，建筑形体多敦实封闭，墙体厚实重大，建筑形式随当地降雨量的高低呈现出特定规律，具有很强的气候适应性（图2-5）。

图 2-4　西北地坑窑民居
来源：http//blog. Sina.com.cn/aa8807

图 2-5 西北夯土民居
来源：作者自摄

而在新疆地区，夯土建筑的典型表现为阿以旺式民居和米玛哈那式民居，其建筑空间布局方正紧凑，冬季围护结构的散热面积少。房屋往往围绕内院组织，外围墙体厚重坚实，所有门、窗开向内院。利用"束盖"抬高炕降低室内高度，利于提高采暖效率。

图2-6　青海碉房民居
来源：西安建筑科技大学绿色建筑研究中心课题组

（3）碉房民居。西北地区的碉房多分布在青海南部的山峦河谷地带，如玉树、果洛、黄南州等。就地取材，多为石砌或者土石砌筑。建筑选址多在山坡地段，背风向阳。墙体厚重，门窗洞口小，屋面为平顶（图2-6）。

2.3.2　经济水平

民居建筑受到经济水平和生产模式影响，西北地区普遍经济发展落后，乡村生产方式多以农牧业为主。在西北传统民居的建设实践中，居住者竭尽所能、最大限度地去利用自然资源。

西北乡村传统居住建筑普遍形式简洁，装饰朴实，空间实用，因地制宜，就地取材，主要表现为抛开建筑材料上的奢侈华丽，追求材料简单、实用简朴的审美风格。例如，生土作为建筑材料，被广泛运用于西北民居中，根本原因就是其取材方便，省工省力，造价经济。

当然，每个时期的社会都存在贫富差异，反映到民居中也是如此，即使在西北地区历史上经济比较落后的区域，也有工料考究、精雕细绘的宅院，但是这样的传统民居数量少，虽然能够代表同时代的最高建筑水平，却不能反映西北民居的普遍特性，因此并不在本书研究范围内。

2.3.3　民族宗教

从村落类型及民族空间分布来看，西北地区传统的少数民族聚居区可分为：①宗族聚居型民族聚居区，如分布在青海互助土族自治县、大通回族土族自治县、民和回族土族自治县等地的土族村等；②宗教文化浓厚型民族聚居区，如分布在新疆和田、喀什、阿克苏等南疆地区的维吾尔族村，甘肃积石山保安族、东乡族撒拉族自治县的保安族村等；③散居型民族聚居区，如分布在新疆、甘肃的哈萨克族村，分布在新疆南疆地区的柯尔克孜族村等，这些聚居区流动性大，逐草而居，居民随耕地和牧地迁移。

西北地区少数民族众多，传统民居也表现出民族宗教的色彩。受到历史文化、地理环境、经济发展等条件的影响，少数民族大多有着自己的宗教信仰、民俗习惯和民族宗教礼仪。作为民间生活的载体，西北民居在这方面有着鲜明的特色。

宗教作为一种泛世的信仰，反映在生活的方方面面，而建筑作为社会信息的载体，同样在发挥着功效，并且，反映出人们的精神寄托。宗教和信仰一直伴随着民居的建造活动。在建屋建寨之前，宗教观念就已经作为一个重要的因素而在人类社会发挥影响力了。身处不同地理位置的民居，在同样的民族和宗教信仰下，也能够反映出相似的形态。例如西藏民居和甘南藏族民居，其建筑色彩、窗户形式都力求表现出对藏传佛教信仰的追求。

西北地区的民族宗教文化对当地民居建筑的影响主要体现在建筑形象上：

1. 伊斯兰教

伊斯兰教对民居建筑的影响体现在用色、装饰、布局等诸多方面。

清真寺在宗教生活中具有独一无二的重要地位，西北地区不少的伊斯兰民居建造都是"围寺而居"。

同时，西北伊斯兰民居具有独特的审美情趣，常常使用绿、白、黄、蓝、红五种色彩装饰建筑，这五种色彩具有伊斯兰文化教义的含义，其文化内涵丰富深刻，表现方式多样。受伊斯兰教义影响，民居建筑装饰以植物纹样、几何图案甚至阿拉伯文及变形体等为内容，其中不会出现任何形式的人或动物的图像。伊斯兰民居建筑中雕刻大量地饰于墙体、门框、顶棚、梁、柱等处，并且与建筑彩绘相结合，与彩绘退晕技法相吻合。

以拱、券为加工主体的建筑装饰艺术，展示了伊斯兰教众喜欢以曲线为突出表现手法的建筑造型物的文化传统，反映了外来阿拉伯伊斯兰文化对我国信仰伊斯兰教各民族民居装饰风格的深刻影响[1]。如图 2-7 所示，在宁夏较富裕地区新建的伊斯兰民居，虽然造型受汉族民居的影响，但拱、券以及装饰仍保持传统的伊斯兰风格。

图 2-7　宁夏伊斯兰新民居
来源：作者自摄

2. 藏传佛教

藏传佛教影响广泛，与民居建筑之间存在着密切的关系。其赋予西北民居建筑的特殊形象，在宗教氛围的熏陶下，大多通过雕刻、图案、色彩、装饰等来实现。

信奉藏传佛教的民居中通常会为祭祀与供奉提供专门的空间，例如专门供奉神佛的经堂或者神像的摆放空间，或者庭院中的祭祀供拜空间等。

---

① 王军. 西北民居[M]. 北京：中国建筑工业出版社，2010：28-29。

图2-8 青海藏传佛教信众民居
来源：作者自摄

受藏传佛教影响的西北民居室内装饰讲究工整、华丽、亮堂，上至顶棚下至与地板相接的墙角都采用雕刻、彩绘等艺术手段加以装点，尤其是横梁、柱头和大门等木结构建筑构件，是充分展示装饰才能的地方（图2-8）。墙壁上通过绘制花卉、彩条来取得装饰效果，是传统建筑装饰的主要精华部分[①]。

2.4 现代西北民居主动应对环境的困境

2.4.1 建设量大面广

改革开放后，乡村的建设进入了高峰时期，具体表现为将原有传统民居进行"更新换代"。在经济较发达的西北乡村，新建民居往往不会继续沿用传统民居的建造模式；而在经济较落后的地区，仍然沿袭或者部分沿袭传统民居的形式。总的来说，西北地区乡村民居的建设覆盖面广，建设量大。

西北地区各省乡村人均居住面积均低于全国平均水平（表2-3、表2-4），而且建设监管制度不健全，乡村民居建设往往自发形成，缺乏监管与科学指导。

西北地区农村居民家庭住房情况 （2011年）　　　　　表2-3

地区	住房面积（m²/人）	住房价值（元/m²）	住房结构（m²/人）	
			钢筋混凝土结构	砖木结构
全国	36.24	654.37	16.48	15.92
陕西	35.76	613.65	17.83	11.04
甘肃	23.65	537.26	4.12	9.3
青海	26.81	461.27	2.48	11.48
宁夏	24.38	480.91	1.73	16.59
新疆	26.14	452.36	2.30	13.47

来源：中华人民共和国国家统计局.中国统计年鉴2012[M].北京：中国统计出版社，2012.

---

① 王军.西北民居[M].北京：中国建筑工业出版社，2010：28-29.

西北地区农村居民家庭住房情况 （2012年）　　　　表2-4

地区	住房面积（m²/人）	住房价值（元/m²）	住房结构（m²/人）	
			钢筋混凝土结构	砖木结构
全国	37.09	681.9	17.12	16.35
陕西	36.88	616.51	18.58	11.15
甘肃	24.08	547.48	4.35	9.67
青海	29.69	506.79	4.42	14.18
宁夏	25.86	501.92	2.96	17.19
新疆	27.18	486.44	2.81	14.2

来源：中华人民共和国国家统计局.中国统计年鉴2013[M].北京：中国统计出版社，2013。

2.4.2　建设方式以自建为主

现阶段，我国乡村普遍的建造方式由土地制度决定。

首先，我国农村现在普遍施行的宅基地政策也决定了只能通过农户自建、合建的形式来满足居住的需求。目前，根据各地土地资源的稀缺状况，每家每户会得到由村集体提供的一定面积的土地以解决居住问题，而宅基地的划分是根据实际需要分块、分次确定划分形成的，正常情况下不可能出现集中、连片的宅基地，这就决定了农民住宅建设是分期、分批、渐进式发展的。由于住户对住宅的要求各异，分布不集中，建设时间无规律，且单位工程量小，造价低，这样分散自建的形式恐怕就是最适合国情的了。

其次，在我国农业生产总体上是相对分散独立的生产活动，在可以预见的将来这种状态还会持续下去，这就决定了农村分散的经济基本单元——家庭之间在经济与形式上的相对独立性，而它的物质载体——住宅建设也势必需要适应这种社会经济现实条件，通过住户自建、合建的形式解决农民的居住问题。

目前，从建造方式上大致可分为以下几类：

（1）采用现代施工方法和材料，延续传统建筑形式，现在已经较为少见，一方面因为住户普遍有追求新生事物的心理，另一方面也因为传统做法相对费工费时。但是对于有经济能力建新房的住户来说，可以通过此种建设方式表现其自身的居住意愿（图2-9）。

图2-9　宁夏富裕地区新建民居
来源：作者自摄

（2）盲目地模仿城市现代建筑形式，使用现代建材，而缺乏相应技术措施，对施工工艺和材料的性能能缺乏理解，配合不当，会带来诸如安全性差，能耗大等建筑缺陷（图2-10）。

（3）专业人员下意识地、简单地运用基于功能优先的现代建筑设计理论，将农村居住问题简单化处理，忽视了乡村民居与城市居住建筑的本质差异，此类民居建筑的示范效应最大，副作用也最大（图2-11）。

图 2-10　使用实心砖无抗震措施的新建民居
来源：作者自摄

图 2-11　脱离实际状况的新建民居
来源：作者自摄

2.4.3　使用粗放，效率低

上一小节中描述的西北乡村民居建造状况，造成很多问题，突出地表现为：建筑安全性差，能耗大，浪费严重，经济性差，配套设施差，污染严重。乡村民居建设规模小，且缺乏统一规划，建筑变动随意性大，施工建设往往不考虑国家的有关标准，同时还缺乏建设主管部门的监督。

虽然经济制约是造成西北民居缺陷的重要原因，但是即使在经济状况充裕，乐意在建房时投入较多资金的乡村居民中，也更愿意首先将房子"盖得漂亮"，而抗震加强、保温构造措施等"看不见"的投资在预算中的排序较为靠后。

1. 居住环境质量差

主要表现为建筑安全得不到保证，室内物理环境差，传统建筑空间不能满足现代生活需要等。

西北民居安全性差，一方面是由于村庄选址的历史原因造成的，另一方面是由于民居建筑质量差，抗震、防灾等安全问题缺乏监管。尤其是近年来新建的大量砖混住房，完全缺乏有效的抗震措施。

室内物理环境差，西北民居室内环境的最大问题为，普遍冬季室内温度低，建筑保温性能差，导致采暖效率低下，居住舒适性差。

建筑空间不适合，主要表现在生活方式的转型上。实际上，乡村生活中的生产生活联系紧密，功能问题并不突出，即使设置了住宅中严格的功能分区在生活中也容易被打破。例如从事农业生产的家庭，在同一间房屋中展开不同的家庭生活，或者在房屋中储存粮食等情况在西北乡村比较多见。但是随着生活方式的转变，对建筑空间提出了新的要求。例如家用电器的引入，厨卫空间的变化，外出务工导致部分空间闲置等。

2. 用能效率低

西北乡村民用建筑用能的问题，一部分与家用电器与炊事工具的使用有关，如照明、家电、热水等，该部分内容不在本书讨论范围内。本书中的"建筑用能"指与建筑设计相关的部分。

前文所述建筑质量差，会提高建筑的采暖负荷，尽管冬季大多数民居的室内温度低于城市住宅，但是耗煤量却高达城市住宅的 1.5 ～ 2 倍，虽然看似冬季采暖费用有限，但是以牺牲冬季室内的舒适性为代价的。如图 2-12 所示，宁夏地区某农户，为节约采暖费用，冬季将一家人的生活集中在一间房中。因此，即使在建造房屋初期能够节省一定造价，采暖费用的提高，实际上降低了建筑使用中的经济性。

3. 环境负面影响大

西北乡村生活用能方式粗放，污染严重，室内空气质量低，是十分突出的问题，在采暖与炊事中非清洁能源低效率燃烧，建筑设计不合理，缺乏有效的通风排烟措施是导致这一现象的主要原因。

与此同时，西北村庄大多数缺乏有效集中管理，垃圾、生活污水得不到有效处理，导致居住环境量差，而且给环境带来很大的负面影响。如图 2-13 所示，陕西关中地区，某村庄的状况，而污水排放到村边的河沟里，垃圾也被丢弃在一处。

图 2-12　冬季生活集中在一间房中的农户
来源：作者自摄

图 2-13　垃圾污水对乡村环境的影响
来源：作者自摄

图 2-14　污水对乡村环境的影响
来源：作者自摄

如图 2-14 所示，青海西宁城郊某富裕乡村，住户环境意识强，主动建造被动阳光间，但是也只能路边自掘水沟排放雨水与污水。

2.5　发展中的西北民居

2.5.1　提高居住质量是普遍的诉求

上文所述变动的产生，源于人对美好生活的追求。"人是民居建筑的核心"[1]，建筑活动是人类众多社会活动之一，建设和居住是人们对自然环境的合理反应。由于人的生产与生活需要保障和维系相对稳定的环境条件，而现实中的自然环境往往不够作为理想的庇护场所，有时甚至十分恶劣。这些促使了人开展建筑活动，继而发展适宜自然条件的建筑类型和对应的建筑技术。因此，对人的建筑心理和建筑行为进行研究，是民居发展的根本推动力。

蒋高宸教授在多年对民居建筑研究的基础上，基于马斯洛的层级理论，将人的居住需求层级作出如下由低到高排序：生存优先—经济优先—质量优先—人格优先[2]。在这里，排序的基本顺序是本着"低级优先于高级"，"生理优先于心理"的原则进行的，这与马斯洛的理论是一致的，但是与其不同的是确定了经济性在居住需求层级中的位置。

经济因素能够很明确地解释民居发展中的诸多现象。例如，新建的住宅中会搭建一些临时性的构建，如遮阳棚、杂物间等，它们的形式、材料、颜色等等可能和新建筑有巨大的反差，这种看似"不合理"的现象往往普遍存在。受到经济条件的制约，人们往往会优先保证面积、房间数量等与基本生存有关问题，而建筑的审美属性位置后移。现在乡村民居重房间数量，轻建筑质量和居住舒适度的现象普遍存在。

人们对民居建筑的需求层次结构，从低到高可依次排序为：安全需求、经济性需求、使用功能与舒适性需求、社会需求、生态需求等 5 个层次。在这 5 项需求中，经济性需求较特殊，有时其位置会发生跃迁，甚至超过安全的需求。即在建筑满足基本安全性能后，有时经济需求会掩盖安全的重要性，常见的乡村民居建筑存在安全隐患，就是在经济限制下，忽视了看不见的安全隐患。

---

① 蒋高宸.广义建筑学视野中的云南民居研究及其系统框架[J]. 华中建筑，1994，12（2）：66。
② 蒋高宸.多维视野中的传统民居研究——云南民族住屋文化·序[J]. 华中建筑，1996，14（22）。

具体表现为，在乡村建设中，当居住的基本需要——生理与安全得到满足后，住户总是想办法去控制建造和使用成本。例如，在建设场地选择上，总会依山傍水选择那些地形平坦、有利节约的建设地段。这样做一方面趋利避害，避免自然界不利条件的影响，另一方面有利于减小劳动强度和工作量，有利材

图 2-15　自发组合各种建材的民居
来源：作者自摄

料收集、运输，从而控制建造成本；在材料选择方面，常使用当地可以免费获得的材料，因此生土、石头、木材、柴草等就成为民居中最常见到的"廉价"材料；在建造方式方面，往往在农忙之余，自己动手，通过简单的劳动和技术手段，建造适合需要的房子，节约了人工费用。长期以来，自己出工出力出材，辅以邻里互助型的民居建造形式在我国农村地区十分盛行；在建筑技术方面，通过千百年的经验积累，人们掌握了"廉价"处理墙体、屋顶、门窗等建筑构件的组合技术，高效利用资源条件，有效地营造出相对舒适的居住环境。如图 2-15 示，陕西秦岭山区某农户，在选择建材上，自发组合生土、混凝土、白瓷砖，有效利用当地建材，节约造价，并加了圈梁构造柱，提高抗震性能，同时在建筑形式上表达了对美好居住生活的向往。

对于经济环境相对充裕，在生理安全需求与经济性需求得到充分满足的乡村住户而言，一定会对居住质量产生更高的追求。在现实生活中，对居住生活提出的要求与向往，往往伴随着经济水平提高而出现，如适宜的面积，明确的功能分区，得体的空间感受，舒适的温湿度与采光通风条件等。

例如，许多乡村新建民居选择放弃传统的、成熟的建筑模式，选择模仿"城市住宅"，建造砖房，虽然只是粗糙地模仿，甚至损失了原有传统民居的优点，但是在富裕起来的乡村居民眼中，砖房就是富裕和地位的象征，而传统民居是贫穷和落后的象征（图 2-16）。

2.5.2　制约条件

目前，我国农村的民用建筑面积为 221 亿 m^2，占全国总建筑面积的 56%[1]，在过去相当长的时间内，城乡经济水平相差很大，由此产生了城乡生活水平的巨大差

---

[1]　清华大学建筑节能研究中心.中国建筑节能年度发展研究报告2009[R].北京：中国建筑工业出版社，2009。

图 2-16　模仿城市住宅的西北民居
来源：作者自摄

异。相比之下，乡村民居不但建筑成本较低，而且用能总量和单位面积的建筑能耗都低于城市住宅。然而，这是以牺牲居住的舒适性为代价的。

西北地区虽然发展较为滞后于东部地区，其乡村人均收入低于全国平均水平的1/2，改善人居环境质量，面临很大的挑战，但是近年来自身经济的发展也是不可忽视的事实，随着西北乡村生活水平的提高，乡村民居的建设也进入了追求"更新换代"的高峰。由此，"点多、面广"的西北乡村民居其能源耗费状况也在发生前所未有的变化，商品能用量开始增加，而且单位建筑面积的能耗也开始增加，西北地区农村人口比重大的现实国情决定了西北乡村居住建筑总量十分巨大。

对西北乡村而言，有限的环境资源承载力与美好的生活、舒适的居住环境，是一对难以调和的矛盾。虽然经济发展的步伐有目共睹，但相对于我国其他地区，西北乡村仍较为落后，在乡村民居建设上的投入成本依然有限。因此，难以通过高成本的投入，实现居住的舒适性与高能效。

如前文所述，近年来，西北乡村新建的民居，多数为"简易城市型住房"，是出于居住者对美好生活的向往。但是资金技术投入有限，观念陈旧，不但形式简陋，建筑质量粗糙，而且直接后果是能源耗费成倍增长。如果维持现有的"简易城市型住房"建筑模式，将舒适度提高到城市住宅的水平，则能源耗费将会增加4倍左右。

因此，西北乡村民居发展的"瓶颈"为如何在有限的环境承载力下提高居住质量。首先，从城乡一体化协调发展，实现社会公平的前提下来说，现阶段乡村民居追求的居住品质一定会与城市住宅的相当；其次，乡村民居的建设虽然难以承受"高成本、高耗能、高舒适"的发展道路，更不能追求当下节约造价"粗制滥造"这种短视的"经济效益"。

2.5.3　绿色建筑是乡村民居发展的必经之路

西北乡村民居的转型是历史的必然，一方面，传统民居虽然能耗可控，环境负面影响较低，但是是以牺牲居住舒适性为代价的，随着经济发展，乡村居住生活的变化伴随着对居住质量要求的提高，原有建筑模式势必会被淘汰；另一方面，现有的环境条件，又决定了"复制"与"直接照搬"城市地区住宅发展的经验是不可行的。

当代通行的现代建筑设计理论，适应于城市住宅，却不适合民居的建设与发展。因为，现代建筑理论起源于西方工业社会的变革，现代主义建筑思潮产生于特定的社会背景，在社会大分工的发展下，针对之前不讲功能只讲形式的弊端，提出建筑设计应当优先从功能出发满足使用需求，在历史上有其进步意义。而我国乡村民居的发展环境与上述背景存在巨大差异，用一种建筑方法难以解决不同的建筑问题，简单地套用只能表现出种种生硬移植的建筑怪象。

综上所述，西北乡村民居发展面临的首要问题，是如何处理建筑与环境之间的关系，而并非建筑功能问题。

如果将城市住宅视作西北乡村民居的发展目标，并使用相同的手法解决乡村居住矛盾，势必会导致生硬移植城市住宅的建筑经验改进乡村民居。例如，为提高乡村民居的抗震性能，而采用了混凝土＋生土的密勒结构形式，却忽视了由此带来的更棘手的技术、经济与能耗等问题；又或者为了解决厨厕卫生问题盲目提倡水厕，而忽视农村地区排水系统建设落后的现实，导致环境的污染；又如，为提高室内居住热环境，而推广空调，使用电力、煤炭等高品位能源采暖制冷，导致商品用能的急剧增加，造成沉重的经济负担和生态能源环境压力。

2.6　小结

本章关于西北民居的讨论，目的是明确本研究中评价对象的本质，由此作为下文研究西北民居绿色评价目标的基础。

在当前乡村建筑的可持续发展中，多着眼于"能效低"、"环境差"、"风貌混乱"的表面现象，将问题归咎于经济落后、自然环境恶劣甚至百姓观念陈旧等，而忽视了民居发展的本质。导致从功能入手，或者从技术手段入手，一一对应解决问题。

实际上，套用"功能优先"或"技术优先"的理论难以解决民居问题。乡村民居规模小而分散，生产与生活密切相关，住户对建筑环境操控性很强，现阶段存在的问题是在自发演进中自我调适的过程。因此实现西北乡村民居建设的良性发展，应当从居住需求出发，探索社会环境、能源优势、资源条件之间的逻辑关系，建立与之对应的建筑语言。

3 西北民居绿色评价目标

3.1 乡村绿色民居

3.1.1 绿色建筑的概念辨析

1. "绿色建筑"概念的厘清

关于"绿色建筑"的概念有许多争论，还伴随着许多相关的建筑理论如"生态建筑"、"可持续建筑"等。1969年"生态建筑"（Arcology）的概念，首次由意大利建筑师保罗·索勒里提出。"可持续建筑"（Sustainable Building）的概念基于20世纪80年代中期的可持续发展理论提出。"绿色建筑"（Green Architecture）的概念，则于1992年在巴西里约热内卢的"联合国环境与发展大会"上明确提出。

从这些概念的起源看，这些理论的提出都是基于同样的背景，20世纪中期西方发达国家的环境污染与石油危机，催生了人们对已有发展方式的反思。反映到建筑学领域，则为创造健康舒适的建筑环境，减少对能源与资源的浪费，降低给环境带来的负面影响。

但是，这些概念在提出之初，各有侧重，从字面意思就能够反映出来。"生态建筑"的学科理论基础是"生态学"（Ecology），侧重于从生态学的观点审视建筑与自然环境的关系，追求建筑环境和自然界之间就资源和能源的输入、输出达到一种良性的循环，动态的平衡。因此，在某些生态建筑实践中，较为侧重于本土性、地域性材料与技术的运用。

"可持续建筑"是可持续发展观念在建筑领域中的体现，台湾称之为"永续建筑"，可持续发展观在不同的领域有不同的含义，但是都是在试图探索经济增长与环境破坏、资源减少的矛盾。因此"可持续建筑"可以被简单地诠释为在该理论指导下设计、建造的建筑。

"绿色建筑"的概念也没有在世界范围内形成普遍公认的定义，但是"绿色"一词已经具有约定俗称的定义，即"无公害、无污染、健康舒适、节能环保"。目前比较公认的定义是："绿色建筑"是指为人类提供一个健康、舒适的活动空间，同时最高效率地利用资源，最低限度地影响环境的建筑物。而根据我国《绿色建筑评价标准》的定义，是指：在全生命周期内，最大限度地节约资源（节能、节地、节水、节材）、保护环境和减少污染，为人们提供健康、适用和高效的使用空间，与自然和谐共生的建筑。

由此可见，以上三种概念并无本质上的差异，追求的目标互不冲突，只不过在概念的提法上各有侧重。无论是哪一种概念，发展到今天，内涵与外延都有了很大的发展，人们对于环境与能源也有了新的认识，因此，可以认为三者是同一概念。

2. 绿色建筑的表现与原则

基于绿色建筑的基本理论，绿色建筑设计应力求建筑与自然环境的平衡；建筑要在全生命周期节约能源；尊重当地气候条件，进行建筑气候设计，尽可能利用自然能源为人类创造舒适的空间；减小人类对自然界的扰动和破坏，使人类与自然和谐统一；尊重用户的需要，对建筑进行人性化设计。

综上所述，绿色建筑强调几点基本内容：

（1）健康舒适的建筑环境。不是放弃舒适性去追求对环境的和谐关系，人类社会要发展，动力就是基本的生理和心理需求，对居住生活质量的更高追求是社会发展的动力，所以占首要位置。

（2）减少对地球与环境的负荷和影响。力求减少损失，杜绝浪费并尽量不让废物进入环境，从而减少单位经济活动造成的环境压力。社会进步是以消耗自然资源为基础的，要减少自然资源的耗竭速率，使之低于资源再生速率。

（3）与自然环境的融合。承认自然环境的价值，体现在环境对经济体系的支撑和服务方面，也体现在环境对生命支持系统的不可缺少方面。

（4）强调"综合决策"和"公众参与"。

3.1.2　乡村绿色建筑的误解

一栋建筑的"绿色"程度不容易作出定量、定质的度量，而"绿色建筑"这一概念并不是将建筑划分为"绿"与"非绿"两类。推进绿色建筑的发展是人类的美好愿望，生态化也是建筑行业未来发展的目标，一栋建筑是否是"绿色建筑"也因时而异。例如一栋设计合理的"绿色建筑"，也会因为不合理的使用变得"不生态"。

绿色建筑强调的是建筑系统在最大限度满足人的实际需求时，注意与外界环境的平衡关系；或者说是在人与环境协调统一的前提下，营建舒适的建筑环境。这里涉及人的因素、环境因素、技术因素、经济因素等多个方面的综合，不能强调某一方面而忽视系统本身的效用。

绿色建筑不能仅仅试图通过提高设备的效率、构造措施等手段来实现，一味地追求"传统技术"并降低建筑成本也并不是绿色建筑的本质。

1. 对绿色建筑的误解

绿色建筑概念诞生多年后的今天，对绿色建筑的认识依然存在着误区，常见的有：片面的技术观，认为节能技术的集合就是绿色建筑；片面强调保护环境，服从环境，而忽视人的需求。

1）误解一：绿色建筑就是使用了绿色技术的建筑

通常，对"绿色建筑"最常见的误解之一，就是它常被与"绿色建筑技术"联系起来，如太阳能、沼气、自然通风等，简单地认为"绿色建筑"就是"绿色技术"的集合，或"绿色技术"是"绿色建筑"的必备标签。这种认识的不足之处在于，将建筑问题简化为技术问题。这种误解容易导致建筑设计工作中，忽视人的主观因素，将绿色建筑的研究局限于节能建筑技术的研发。

实际上，建筑技术只是实现建筑需求的手段，建筑技术具有强烈的物质属性，它本身独立于建筑而存在，无所谓绿色与否，也无所谓等级的高低。因此建筑不能简单地等同于技术，绿色建筑也不等于节能建筑技术的集合。

建筑和建筑技术是不同层面的两类事物，在绿色建筑的发展中，"绿色"是目的，"技术"是手段。绿色建筑采用的种种技术方案，都是根据实际需求和环境条件安排和设计出来的，其中起决定因素的是人——建筑的使用者和设计者。人们根据自身的需求和外部条件，决定技术的类型与组合方式，所以建筑的属性取决于人对建筑活动的态度。

关于绿色建筑必须明确的是，建筑手段才是根本上解决建筑与环境之间关系的根本，而并非技术手段；无论经济发达程度、社会发展水平、自然条件等外部环境如何，建筑的"绿色"应当首先遵循自然规则。例如，根据自然环境、气候因素可以确定建筑与环境的关系，包括选址、位置朝向、功能布局、空间组合等内容，它们从根本上已经决定了建筑的基本属性，也就是说绿色建筑首先是通过建筑的方式实现的。而一些依赖于经济条件的技术手段，如成本高昂的光伏发电、热泵技术、太阳能主动式采暖技术等，是否需要使用需要从适宜性角度作出判断。

建筑的绿色性能，需要考量其整体运行状况，绿色建筑需要一定的技术支持，但使用了绿色技术的建筑不一定是绿色建筑，同时，绿色建筑也不依赖于某种生态技术。

2）误解二：绿色建筑的实现要通过昂贵的经济投入

还存在这样的误解，认为绿色建筑的造价必然很高，在充足的经济环境下才能实现，资金不充裕的落后地区难以承受。这一看法是出于上述将绿色建筑技术等同于绿色建筑的误解，附加的绿色技术确实需要额外增加建筑成本。

绿色建筑的实现并非一定需要额外的昂贵技术。就"绿色建筑"的本质而言，凡是能够达到绿色这一目的的建筑技术都可以采用，无论价格是否高昂，技术是否先进。在绿色建筑的实现方式上，应当提倡适宜性技术，即"针对具体作用对象，能与当时当地的自然、经济和社会环境良性互动，并以最佳综合效益为目标的技术系统"①。不顾自然环境的现实条件，试图通过附加技术手段改善建筑环境的"绿色建筑"做法是低效率的。

当然，有一些功能性很强的建筑类型，如交通建筑、影剧院、医院、工业厂房等，还有一些在现实环境下受到较强约束的建筑，如在城市限制地形中建造的高层集合式住宅等。这些建筑往往受到严格的功能限制，或者用地条件限制，难以灵活调整建筑空间布局与技术方案。这时，"绿色建筑"的实现就离不开附加的设备设施。

在一些经济高度发达的地区，环境问题的严重性远远突出于经济问题，昂贵、高效的设备与技术手段，也是实现绿色建筑的途径。

综上所述，绿色建筑更强调通过适宜性的手段解决建筑与环境的关系，即以最小的代价实现居住需求、自然环境和社会环境的平衡关系。绿色建筑与经济成本没有直接关系。

2. 传统民居"绿色经验"的实质

在西北地区民间传统建设中，蕴含着一些朴素的绿色思想，其中包括对风、太阳能等可循环自然能源的利用，也包括对本土建筑材料的运用，如常见的生土建筑等。这种设计手法，往往被作为当代西北地区乡村建筑设计的有效"绿色设计"策略。但是这些传统绿色经验往往容易被误解为"绿色"的唯一途径，或是最佳选择。

如上一章所述，在民居研究中着重强调"地域适应性"、"传统技术"的优势是不合理的，应当用发展的眼光看问题。所谓的"绿色经验"只是乡村民居应对环境的对策，当环境发生改变，绿色策略也应当相应调整。

(1) 民居绿色建筑经验是传统农业经济的产物，具有时代局限性。

传统民居建筑产生的土壤是小农业生产、落后的经济条件，建筑环境也是在这些限制因素下达成的平衡状态，甚至某些建筑技术可以被看作在有限的生产力条件

---

① 陈晓扬. 地方性建筑与适宜技术[M]. 北京：中国建筑工业出版社，2007：12.

下，作出的被动选择。就建筑环境的具体技术指标而言，是无法和现代建筑的各项指标相比较的。例如黄土窑洞在实现"冬暖夏凉"特性的同时，牺牲了干燥、明亮的室内环境。在传统民居中，某些低能耗、低成本的建筑经验首先是以牺牲人的舒适性、强调节约为基本前提的，是基于压缩和限制人的需求标准条件下的状态。

（2）民居绿色建筑经验主要是基于经验的积累，具有技术局限性。

传统民居建筑的发展是一个"试错"的过程，在经历了不断的尝试、失败、复制的过程后，通过优胜劣汰、适者生存规律发展形成和完善起来的技术技巧的积累和优化。当外界条件变化，技术经验就难以及时跟进，导致时间上错位。

如上一章所述，传统民居往往和建筑造型符号或者技术措施联系在一起，如四合院、夯土、马头墙、土炕、坡屋顶等等。实际上，这些只是传统建筑绿色经验的不同表现形式而已，并非绿色经验的核心内容。

（3）民居绿色建筑经验过分强调协调和适应环境，忽视了建筑环境质量的改善与提高。

受到有限生产力的限制以及传统自然观的影响，传统民居倾向于服从自然多于创造环境。但这种服从自然条件的技术路线，难以提供足够舒适的居住环境，而现代技术在这一点上则十分具有优势。

（4）所谓民居建筑绿色经验其实质是技术，而非科学体系，应该正确梳理建筑技术与建筑科学理论的关系。

在前文讨论过，民居的绿色经验通过工匠之间的口口相传，是经过历史选择形成的，这些习惯性的做法未能形成科学的理论体系，只是技术的积累。

这样就存在一种潜在的"隐患"，即在相对稳定的环境中这些经验的适应性很好，一旦外部环境发生变化，其固有的缺陷就会暴露出来，而"试错发展"的过程过于漫长，不能及时作出应对和处理，会出现各种混乱的现象。上一章中图 2-16 已经对此作出了说明。

实际上，所谓的"绿色经验"是特定历史环境下的产物，如果只是简单"复制"、"重复"，而不分析其与社会环境之间的关系，可能存在潜在的时间滞后现象，造成空间与社会关系之间不同步的危险。

3.1.3 西北乡村绿色民居的表达方式

对于本书研究对象——西北绿色民居而言，其标准也因环境而因地制宜，在同一个"绿色建筑"的目标下追求形式的多样性。

"绿色建筑"是一个目标，而并非严格定量、定质的概念界定。因此，建立"绿色民居"这一概念，并不是为了严格地在民居中区分出"绿色民居"与"非绿色民居"，而是为了推进乡村绿色建筑的建设与发展。

1. 绿色建筑的综合性与时代性

建筑的物质基础受社会发展因素的制约，"绿色建筑"更是如此，其绿色目标的实现会受到诸如人的需求、自然环境、经济条件和技术条件、社会文化等因素的限制。

所有建筑中的影响因素，如建筑材料、环境控制设备、能源、技术措施等，以及居住需求和价值观，甚至于人们对环境认知的态度与能力等，无论其是否与建筑的绿色性能相关，都是人们改造环境、创造环境的手段或意愿。而这些都是受到时代影响的。

"绿色建筑"并非新生事物，而是自古就有，只是不同时代不同社会，对绿色建筑的需求与定义不同。某种技术的多寡并不能作为绿色与否的标志，而应将该建筑放入特定的系统内，结合当时的环境、经济、技术等因素考量。例如，古代先民们勉强满足御寒、隔热、庇护安全的巢穴，环境负荷最低，看似绿色性能不错，但这是居住者作出的被动选择，这种所谓的"节能低碳"的建筑性能，是以牺牲居住舒适性为代价的，连基本的居住需求都难以得到充分满足，作为"居住建筑"本身就难以合格，谈何"绿色性能"？

不同时代背景，不同环境背景的人，对于环境的感知和要求自然也不同，对舒适感的判断标准也不一样。传统乡村民居被过分夸大的"绿色性能"，就是因为以当代人的评价标准，片面地看待传统建筑，而传统乡村民居的"绿色性能"是一种被动的选择，而并非主动的获取。相比之下，随着科学技术的进步，社会生产力的提高，人们干预环境的能力大幅提高，依赖设备实现居住的舒适性。但是在这过程中，忽视环境对建筑的作用，过分依赖消耗化石能源驱动设备，过分强调舒适性，加大了环境的负荷。

由此可见，随着科学的发展与社会的进步，绿色建筑所涉及的环境、经济、技术等因子都在不断变化，因此绿色建筑的定义也是动态发展变化的，即使在同一时代中，表现形式也是多种多样，具有鲜明的时代性，难以超越时代背景，将不同的建筑进行对比，比较其"绿色性能"的差异，是不合理的。

2. 乡村绿色民居的多样化表达

根据前文的叙述，实现民居绿色性能的途径很多，"绿色民居"也有多样化的表达，这是因为民居影响因素具有多样性。

1）人的多样性与差异性

对于建筑的绿色特性而言，也需要承认人们现实生活状况的差异性，即绿色建筑的标准不能是统一的，而是多样化的，但他们的目标应该是一致的。

首先，人体感受虽然基本一致，但也存在着明显的差异性，需要根据不同人所处的不同条件，制定相应的标准，而不能是同一标准到处使用。其次，人的价值观、生活目标都具有多样性，这点决定了人的相应行为，也决定了民居建筑的多样性，包括形式、内容、具体的物理环境指标、卫生条件等等。

2）自然环境的多样性

根据自然决定论，自然环境决定了人们的性格特征、经济水平及其技术特征，不同的环境承载能力决定了建筑的多样性和差异性，每种建筑原型都是对当地条件作出的一种反应，是在一定经济条件下结合当地实际条件的最优答案，如西藏民居的太阳能利用，江南民居的自然通风降温，黄土高原挖洞为居，爱斯基摩人冰穴等。

3）经济的差异性

经济学角度来看人的需求的满足是有条件的，并非没有任何因素限制。人类的需要永无止境，受到的实际约束主要就是货币购买力。可见，经济问题决定了需求满足的程度。对于民居来说，经济承受能力决定了具体的建筑技术措施，可以走"高经济投入、高效率"路线，也可以走"低造价、效率平衡"路线。

经济条件不同的人，对于居住的需求以及相应的经济承受能力也是不同的。比如，生活条件富裕的人冬天需要24℃的室内温度，虽然多消耗了一些采暖能源，但是在经济上完全能够承担，让他们为了"节能环保"进行自我约束，降低室温，是难以做到的。然而对于经济条件较差的住户，冬季室温24℃就成为难以承受的经济负担，其较低的冬季室温是出于经济条件的考虑，而被动作出了"节能环保"的选择。

因此，应当鼓励不同环境条件的住户，在满足基本生理需求基础上，享受不同的居住舒适度，追求不同的"绿色"发展道路，例如，社会环境贫瘠的乡村，绿色建筑的居住方式就应当优先解决居住质量。付出相应的经济消耗，通过经济规律调整，在强调绿色建筑的总路线下，应当允许不同经济成本的技术路线。

3.2 绿色建筑评价

3.2.1 概述

1. 综合评价

评价是人类社会中重要而且常见的认识活动。想要认识事物，就要对其进行判断，从而需要建立判断的依据、准则和方法。对一件事物的评价又往往涉及多个因素，评价是在多个因素相互作用下作出的综合判断，随着事物的复杂性的增加，人们面临的评价对象也日趋复杂，只考虑评价对象的某一方面特征，很难作出正确、客观的评价，因此必须全面、整体地考虑问题，才能真正揭示事物的本质和发展规律。

然而，影响评价对象的因素往往看上去纷繁芜杂，如上文所说，仅从一个被评价事物的单方面特征来评价是不合理的，因此往往需要将能够反映被评价对象的多项信息加以汇集综合，以此来反映被评价事物的整体情况。由此，多指标综合评价具备以下特征：包含分别说明被评价事物不同方面的若干指标，评价方法用来对评价对象作出一个整体综合的判断，使用一项指标说明评价对象的水平或者状态。

对于评价者而言，综合评价的目的就是对若干评价对象，根据特定的意义进行排序；而对于每一个评价对象而言，综合评价的目的则是通过综合评价和比较，找出自身的差距，便于及时采取措施，进行改进。综合评价可以为人们在工作中正确认识事物、科学作出决策判断提供有效的途径。

2. 绿色建筑评价

能源与环境是进入 21 世纪以来，人类发展的重要议题，对于建筑的环境性能的确定，也需要通过综合评价来明确。"绿色建筑评价"、"生态建筑评价"等建筑环境评价体系，也随之应运而生。关于"生态建筑"、"可持续建筑"、"绿色建筑"等概念之间的关系，在前文已有提及。实际上，无论是冠以"绿色建筑评价"、"生态建筑评价"还是"可持续建筑评价"的名称的评价体系，都是对建筑环境性能的一个或几个方面进行评价，有的可能偏重建筑环境负荷，有的可能偏重于建筑环境质量，全都属于建筑环境性能综合评价的范畴[①]。

建立绿色建筑评价体系，可以以特定的目标准则度量建筑所达到的"绿色程度"。通过评价机制，能够对建筑环境性能进行量化评价，由评价提供的反馈信息能够为建筑环境性能提供改善的依据，并可以优化为建设策略。

在我国，全面建设小康社会是全社会共同追求的目标，随着经济的快速增长，城乡建设的规模空前，速度也前所未有。作为人口大国，我国人均能源相对匮乏，伴随大规模建设而来的，是严峻的生态环境和能源资源问题。如何在有限的条件下，改善和提高人居环境质量，减少污染避免浪费，是我国城乡建设面临的关键问题。发展绿色建筑，是我国城乡建设和建筑发展的必然趋势，是贯彻和执行可持续发展

---

① 田蕾. 建筑环境性能综合评价体系研究[M]. 南京: 东南大学出版社, 2009: 2。

基本国策的重要方面。

3.2.2 现有评价体系

1. 国外绿色建筑评价

许多国家都发展了各自的建筑标准和评估体系。在近 20 年来比较重要也相对最具有代表性的包括美国的《绿色建筑评估体系》（LEED），英国的《建筑研究所环境评价法》（BREEAM），日本的《建筑物综合环境性能评价体系》（CASBEE）以及多国合作的《绿色建筑工具》（GBTool）。这几种评价体系对其他国家或者地区的评价体系产生过一定的影响，或者在推进建设行业市场革新中获得成功，或者在体系本身的革新上取得创新。

其中，《绿色建筑评估体系》（LEED 1.0）于 1998 年发布，迄今为止已经更新到 LEED 2.2 版本。LEED 已经成为公认的市场运作最成功的评价体系，被认为最有影响力，内容十分丰富全面。它包括 6 项主要评价指标，分别为可持续发展的建筑场地、节水与水资源利用、建筑节能和环境、材料和资源、室内环境质量、创新设计。同时 LEED 对市场划分十分细致，LEED 家族包括针对独立式住宅、联排式住宅与别墅的 LEED-H，针对社区开发规划的 LEED-ND，针对租赁空间的 LEED-CI 及其补充版本 LEED-CS，针对公共建筑和集合式住宅建筑与施工的 LEED-NC，用于建筑运行的 LEED-EB 等。LEED 给予大部分评价指标相同的权重，只对少数重要的评价指标增加权重。

《建筑研究所环境评价法》（BREEAM）首次发布于 1990 年，经过多年的发展已经拥有了较完善的体系和运作方式，并且运用范围十分广泛。如用于办公建筑的 BREEAM for offices，用于独立住宅的 EcoHomes，用于商业建筑的 BREEAM for Retails，用于工业建筑的 BREEAM for Industrial Units 等。同时因其体系框架完善，被不少国家地区的评价体系作为参考，如加拿大的 BEPAC，挪威的 EcoProfile，香港的 BEAM 等。BREEAM 从 1998 版本开始增加权重，将环境性能分为全球、地区、室内、管理 4 项类别，将评价划分为核心评价、设计与采购、管理与运行 3 个组成部分，包括 9 项评价指标：管理，舒适与健康，能耗与二氧化碳排放，运输中的二氧化碳排放，水，原材料，土地使用，场地生态，除二氧化碳之外的空气与水污染。

相比之下，《建筑物综合环境性能评价体系》（CASBEE）特色鲜明，不同于清单列表式的评价体系，它提出了"建筑环境效率（$BEE=Q/L$）"的新概念，即"Building Environmental Efficiency= Quality/ Load"。CASBEE 的评价内容包括能源效率、资源利用率、本地环境、室内环境质量 4 方面。"质量"（Quality）划分为 3 项指标：

Q_1 室内环境、Q_2 服务质量、Q_3 室外环境。"负荷（Load）"划分为 3 项指标：L_1 能源、L_2 资源与材料、L_3 场地环境。其他具体细化下去的指标，每项都有相应的权重，Q 与 L 数值相比得出评价结果。

《绿色建筑工具》（GBTool）由"国际可持续发展建筑环境组织"开发，其用意是为世界提供一个较统一的国际化平台，为了兼顾不同国家和地区的实际情况，GBTool 的评价方法和软件的重点在于体系的适应性，这与其他评价体系不相同。GBTool 是国际合作的产物，已经成为国际交流生态建筑、绿色建筑评价体系相关信息的重要渠道。但是到目前为止，该体系主要应用于学术研究领域，其操作较复杂，内容过于细致，而且每次新版本的更新都是对合作的妥协，目标也不清晰，因此市场化推广效果并不十分理想。

2. 国内绿色建筑评价

近年来，为推进绿色建筑的发展，我国出台了一系列相关办法和规范性文件。从 2001 年开始建立自己的评价体系。例如《中国生态住宅技术评估体系》（CEHRS，2001 年）、《绿色奥运建筑评估体系》（GOBAS，2003 年）、《绿色建筑评价标准》（ESGB，2006 年，GB/T 50378—2006）、《香港环保基准评估法》（HK BEAM，1996 年）、《台湾绿建筑标章》（EEWH，1999 年）等。

其中，《中国生态住宅技术评估体系》是我国第一部生态住宅评价标准，其指标体系主要参考美国《绿色建筑评估体系》第二版（LEED 2.0），并参考了我国《国家康居示范工程建设技术要点》等法规的内容，可操作性强。该评价体系由 5 个子项构成，分别为住区环境规划设计、能源和环境、室内环境质量、住区水环境、材料与资源。2003 年，在 2001 年版的基础上出版了修订版，在新版本中这 5 类评价类别，指标也不变，增加了规划设计阶段与验收运行阶段的区分。

《绿色奥运建筑评估体系》是 2003 年 8 月发行，该评价体系在体系构建上参考日本《建筑物综合环境性能评价体系》（CASBEE），评估内容全面广泛，将建筑的全过程分为规划阶段、计划阶段、建设阶段和运营阶段 4 方面进行评估，用 Q（Quality）-L（Load）双重指标和权重对建筑进行评价，同时每一阶段的 Q（Quality）与 L（Load）的内容各有调整。该体系提出绿色建筑的目标是追求最小的能源资源消耗，而获取最大的居住质量与环境品质。但是，该体系针对奥运体育场馆项目设立，适用范围有限。

《绿色建筑评价标准》（GB/T 50378—2006）于 2006 年 1 月开始实施，并于 2007 年 11 月 15 日发布了《绿色建筑评价标准细则》。该评价体系分为"住宅建筑"、"公共建筑" 2 种类别的建筑，体现了"四节"（节能、节地、节水、节材）的评价核心。

分 6 类指标进行评价,分别为节地与室外环境、节能与能源利用、节水与水资源利用、节材与材料资源利用、室内环境质量和运营管理,6 类指标中有 5 类与美国《绿色建筑评估体系》(LEED)基本相似。各指标分为控制项、一般项、优选项 3 类。该评价方法操作简单,但是没有独立的权重系统,结果往往欠真实。

同时,一些地方在国标的基础上,还开发了地方标准与评价体系。

3.2.3　比较

综上所述,以上各评价体系虽然各有特色,但是都力求为社会提供一套准确而明晰的标准,指导绿色建筑设计,帮助职能部门制定政策与规范;并且各国的评价体系都有明晰的指标分类体系,有定性和定量的考量;同时兼顾专业性与开放性,对评估主体要求严格,数据与方法全面公开。

当然,全无遗憾的评价体系是不存在的,在关于评价体系的操作性,评价结果的表达,标准的量化,指标的完善甚至市场推广等方面,都存在一定局限。但是它们都在更新与发展,通过新版本的推出来进行自我完善。

一套高效的评价体系应当容易理解与使用,但是又必须具有足够的专业性使评价结果真实可信。同时体系的设立要"因地制宜"地适应当前、当地的情况,同时又必须具备一定的挑战性与超前意识,才能对建设行业的良性发展起到激励的作用。由此,较理想的评价模型应当结构紧凑、指标精练、标准清晰、评价方法操作简单,同时准入门槛不能太高,最高目标具有挑战性。

3.3　西北民居绿色评价的意义

行业内调查和实际开发的评价工具都表明,居住类建筑的评价工具是当前我国建筑环境性能评价的当务之急,而国外的评价体系,多是优先开发办公类建筑的评价版本[①]。

因为我国住宅建设投资水平高,农村的民用建筑面积为 221 亿 m²,占全国总建筑面积的 56%[②]。在过去相当长的时间内,乡村居住建筑用能总量和单位面积能耗都远远低于城市住宅,这是由于城乡经济差异造成的。但是随着近年来农村经济的发展,乡村民用建筑的能耗状况也发生着前所未有的变化,建立乡村居住建筑的节能措施和鼓励机制,是实施可持续发展战略的重要组成部分。

3.3.1　与西北乡村民居发展的关系

乡村民居建设量大、分散、建设密度低,如果像人均土地资源匮乏、密度高的

①　田蕾.建筑环境性能综合评价[M].南京:东南大学出版社,2009:207.
②　清华大学建筑节能研究中心.中国建筑节能年度发展研究报告2009[R].北京:中国建筑工业出版社,2009.

城市建筑一样通过高效设备与技术措施实现其"四节一环保"的目标，是我国的能源储备难以承受的；而鼓励通过设计手段，以被动式手段应对环境，实现最为有效。因此，西北乡村民居绿色评价体系在设计上，不能直接评价使用结果与使用效果，而应当与设计内容结合，保证评价结果能够有效成为建设过程中的反馈。

1. 乡村民居绿色评价为西北民居明确设计目标

西北民居绿色评价体系为西北本土民居的绿色建设提供了完善的指标内容与条款，这些可以在西北民居的建筑设计阶段作为清晰的框架，将规划选址、场地设计、建筑设计、构造措施、建造环节、后期运营维护等诸多问题整体考虑，贯穿于整个民居的建设过程，并且加以指导。

民居的绿色评价指标较常规建筑设计规范更加明确，从环境角度确立了实现标准与目标。这样，民居建设之初——即项目决策阶段，就能够反作用于民居的建设者或者设计者，使其能够直接掌握环境破坏低、技术经济适用的生态化建筑措施，使得建筑环境受益。

例如，评价标准的制定鼓励适宜性建筑技术的运用，或者评价标准中明确提出敏感地段的设计要求，室内环境质量的设计标准等，都可以在西北乡村民居建设的前期阶段，根据建设项目的实际情况选择合适的方面进行乡村绿色民居的设计与建设方案。

2. 乡村民居绿色评价推动西北民居建设良性发展

绿色民居的概念有丰富的内在含义，不但提倡民居建筑通过本土材料与技术，节约能源、利用自然能源、尊重使用者的需求，尽可能地减小对环境的污染和破坏，而且其实施过程要求每个"产品"及其产生的过程、步骤都从新的视角出发进行分析和评论。例如，从生态环境和人类安全考虑，需要介入民居设计，并影响建设与使用效果。

建立西北乡村民居绿色评价体系，能够让这种前期决策、全程跟踪的理念更为规范化、制度化，由此强化了生态民居建筑的特殊性，从而促使西北民居建设的各环节（包括选址、规划、设计、建设、使用等）根据评价体系的要求，相应调整设计重点。

3. 西北生态民居建设与评价体系互相完善

随着社会经济、技术的发展，绿色建筑技术也在发生日新月异的进步，同时居住者生活方式、生活观念也发生着变化，因此，乡村绿色民居的设计也在不断地进步与发展。

一方面，通过西北乡村绿色民居的实践，可以对其评价标准、评价方法进行检验，提供宝贵的实际数据和科学管理经验。例如，英国的《建筑研究所环境评价法》（BREEM），第一版发布于 1990 年，致力于提供改善建筑环境性能集和分析工作，经过近 20 年的发展，完成了大量基础数据采集工作，已经拥有了庞大和全面的技术支撑平台。

另一方面，在西北民居建设中，对新技术的采用及设计理念的更新，也能够促使评价体系不断更新。例如，我国的《生态住宅技术评估体系》（CEHRS），第一版出版于 2001 年，经过一年多的实施后，在 2003 年就推出其修订版《绿色建筑评价标准》。更具有代表性的是美国的《绿色建筑评分体系》（LEED），1998 年其试运行版 LEED1.0 发布，至今，已经发展成为一个完备的评价体系"家族"，包括 LEED-NC、LEED-EB、LEED-CI、LEED-H 等，可以分别针对办公楼、新开发建筑、租住建筑、居住建筑等进行绿色评价。

3.3.2 西北民居绿色评价体系建立的原则

1. 简明科学

评价体系应当逻辑结构严谨、合理，反映评价对象的实质，并具有目的性。西北民居绿色体系的设计，应当能客观如实地反映西北民居绿色评价目标、评价项目的构成，反映评价目标、评价项目和指标的支配关系。

因此该体系指标应当保持各项指标的唯一性，避免指标间的相互隶属或相互重叠。而且指标体系的繁简要适宜，既不宜细致繁多，出现互相重叠的指标，也不宜过于精炼简单，遗漏指标信息。同时，在建立指标体系时还要求权重系数的确定以及数据的选取、计算与合成等要以公认的科学理论为依托。

2. 系统优化

构建西北绿色民居的评价涉及规划、建筑设计、建筑技术等多个专业，因此，各指标共同构成有机整体，相互独立又相互作用。选择评价内容与建立指标体系的原则，应当是系统全面地反映评价目标，整体而全面。

评价体系的结构形式应以全面系统地反映评价目标为原则，从整体角度来设立评价体系，尽可能以较少的评价内容建构成一个合理的体系，达到体系整体功能最优的目标。

3. 与时俱进

西北乡村民居的绿色评价是一个动态的过程，与当下的生产力水平及建筑技术水平相辅相成，当建筑的技术水平、性能要求提高时，评价体系也要进行一定的修改，适应时代的发展。

为了促进新的节能材料、技术、工艺在民居建设中的运用，在西北民居绿色评价的内容中，鼓励民居建设采用有良好经济和社会效益的生态化新产品、新技术，鼓励采用有利于可持续性发展的新型节能型、环保型的建筑材料或产品，鼓励采用各项生态新技术等。通过适当提高民居产品性能量化值或可再生能源利用的量化权重的方式，体现新产品等对民居绿色性能的影响，促进西北绿色民居建设对适宜性技术的采用。

例如，随着建筑材料、采暖供热等新型能源设备的技术改进，如新型太阳能设备、新型绿色建材等，可能引起评价指标参数的改变。所以在建立指标体系时要留有一定可变动的余地，即所涉及的指标中有静有动。

3.4　西北民居绿色评价的目标

3.4.1　西北民居绿色评价功能

近几年来，乡村民居的绿色发展与建设虽然逐步受到重视，也取得了一定的成绩，然而数字和实际情况显示，整体的发展仍然滞后。除了认识不足，缺乏有效的激励机制和法律法规以及监管体系等原因之外，缺乏科学合理，可操作性、针对性强的乡村民居绿色评价体系，是其中的重要原因之一。

缺位的乡村民居绿色评价体系，造成了民居建设中技术指标执行的随意性。导致在房屋建成后，无法得到建筑能源消耗量的基本数据，而仅以围护结构、建筑造价等单项成果为标识去推广绿色技术。因此，应根据西北地区的社会经济状况、地域气候特征及乡村民居建筑能耗特点，构建一套符合当地实际情况的乡村民居绿色评价体系。

西北地区的乡村民居绿色评价体系，是衡量西北地区民居建设的标尺。西北民居绿色评价体系应当具备以下功能：

1. 综合评价

如上一章所述，相比城市住宅而言，乡村绿色民居的建设从设计到施工各环节，法律法规制度不健全，缺乏监管，设计欠规范。在民居建设者、使用居住者、设计者，以及政府相关部门之间，存在着信息的不对称。

西北民居的绿色评价指标体系，应能够对西北地区民居的综合建设程度进行宏观评价，通过分析不同要素指标，可以评价各要素对乡村绿色建筑总体发展的影响状况。同时，能够使评价者在决策环节、设计环节和建造环节，认识和把握住环境中最重要的问题，而不是一些次要的、复杂的问题，否则只会导致评价后反馈信息的混乱。

2. 定量与定性研究结合

构建西北民居的绿色评价体系，需要分析西北绿色民居的量化信息，力求实现绿色民居评判的数量化、定性化。同时，通过量化的指标实现对西北民居建筑某阶段、某时间段内的能耗状况、经济效益情况的说明，实现西北民居建筑在各个方面的生态特性描述，以实现对西北绿色民居水平及等级标识的总体评价目标。包括通过量化指标描述西北民居在各个方面的特性，通过量化指标来综合评价因素之间的和谐性、协调性，在整体上评判评价对象的优越程度等。

然而，居住建筑的评价体系中，难以完全用数据语言来表达一切指标，不可能都做到量化，其中必然有许多定性指标。西北乡村民居的评价也是如此，民居绿色性能的明确涉及规划、建筑、结构、设备、能源使用、传统文化的沿袭等各个方面，许多情况下很难做到定量评价。例如条目"建筑规划设计充分体现所在地域的气候、经济、历史、文化等特点，并同自然环境相协调"，"占地标准、建设规模和荷载余度适宜，有效节约资源"，这类项目的评价结果，受到评价者的专业水平、知识面、喜好等因素的影响，使得生态民居的评定在这些方面很难做到定量。所以指标体系的建立必须是定性和定量相结合，才使评价具有客观性。弥补单纯定量和定性评价的不足及数据本身存在的某些缺陷。

这样，定量指标与定性指标的结合使用既可以使评价具有客观性，便于用数学方法处理，又可以弥补单纯采用定量评价时的不足及数据本身存在的某些缺陷。

3. 全过程监控

民居建设不同于房地产建设项目，现阶段，其建设多由乡村居民组织建设，有自发性，难以像城市居住建设项目一样，通过项目报批、图纸审查、设计规范、建设监管各个环节，来控制能源消耗与建设成本之间的平衡关系。因此要对西北民居的绿色性能进行评价，需要反映全过程。

通过对西北民居综合发展情况一定时期内持续的分析和整理，可以从不同角度反映民居综合发展水平的静态状况、变化趋势，实现全过程监控功能。同时，根据西北绿色民居的发展情况，对其发展前景进行预测，实现对西北民居绿色发展进程的动态管理。

3.4.2　西北民居绿色评价实现途径与推广

如上文所述，绿色建筑受到人的需求、自然环境、经济状况的影响，有多种表达方式。对于建筑环境性能评价体系而言，其评价目标也各不相同。

例如，我国的《绿色建筑评价标准》（GB/T 50378—2006）以国家标准的形式，提出"绿色建筑"的目标是"全寿命周期内的"的"四节一环保"，由此展开的评价内容为"节能"、"节地"、"节水"、"节材"、"室内环境"、"运营管理"。

英国的《建筑研究所环境评价法》（BREEAM）的目标是"减少建筑物的环境影响"，强调"场地生态价值"，引入计算"生态积分"（Ecopoint）。

而荷兰的《绿色建筑评价工具》（Green Cale）的评价目标则是通过"环境指数"（Enviromental Index）来实现，依据所有建筑的可持续性耗费都可折合成货币的理论，将评价结果与参考建筑作比较（参考建筑的环境指数为100）。

绿色评价目标与评价体系的推广模式也有密不可分的关系。城市建筑的环境性能评估，可以通过法规与规范，分解在监管部门、开发商、建造商各环节中；也可以像某些西方国家，以政府鼓励开发商的市场行为进行推广。乡村民居的建设过程能够由住户直接控制，住户往往身兼投资、设计、施工、使用多重角色于一身，其生态化建设目标的达成以示范、鼓励、推广的方式最为有效可行。

同样是追求"节能"、"环保"、"舒适"的生态建筑，乡村绿色建筑与城市绿色建筑实现的途径有所不同：

城市住宅人均土地资源有限、密度高，西北民居建设量大、分散、密度低。城市住宅生活用能以高品位的商品能为主，集约的建设方式，使其节能可以走"高投入、高效率"的道路；而西北乡村民居选择高效设备与技术措施，即使经济条件允许，也是我国的能源储备难以承受的，应当走"低成本、适宜效率"的用能道路，生活用能可以"低品位能源，低效利用"。污水处理、废弃物处理都应当鼓励小规模、适宜技术、就地处理。

城市住宅规模集中，而现阶段的宅基地政策决定了乡村民居不太可能集中建设，所以建筑体量不同。两者应对自然环境的方式不同，城市住宅室内物理环境差别不大，而乡村民居室内环境受户外环境影响更为直接，表现在设计环节就是体形系数大，围护结构的传热系数应当比城市住宅低。

城市住宅的住户多数只能通过选择建好的住房，来表达自身的居住愿望，根据经济条件，选择昂贵或者平价的"住宅产品"；而乡村民居的住户，直接在建设中就可以实现自己居住的需求。乡村民居建筑空间与技术手段都受住户自己安排，经济状况受限制的住户，经过排序，优先满足最紧迫的居住需求，低成本也有可能实现较舒适的居住环境；经济宽裕的住户，则可能通过成熟的建筑技术满足居住的意愿。

自发建设的乡村民居，虽然会带来质量问题，但是引导得当，也可以成为优势，住户可以在经济条件限制下，灵活组合材料和用能结构。如图 3-1 所示，青海东部某乡村，经过太阳能示范推广，切实感受到效应后，当地住户在建房时会有意识地

图 3-1　青海东部某乡村民居中被动式太阳能利用
来源：作者自摄

根据需要自行灵活组合，同时也能在建筑风格上仍保持自己的审美情趣。

西北乡村民居绿色评价的目的不是为了激励某种市场性的推广，也并非精确度量其环境性能，因此在评价内容设计上，不需精确量化评价结果，如计算"生态足迹"（Ecological Footprint Analysis），也不适宜评价使用后结果，更不适宜鼓励高新技术措施。

西北民居的绿色评价目标应当为：优先保证安全健康的居住环境质量；通过评价，提倡适宜西北地区的易于推广的设计策略，提倡不同经济成本的方案组合，引导住户发挥自建的优势，在建设中找到经济投入与建筑性能的最佳平衡点；而关于建筑空间组合、审美情趣、文化信仰等与生活生产相关的内容，则鼓励住户自行安排；同时评价方法也不是折算为统一的单位，而是以评价建设环节、设计过程为主，保证评价结果能够清晰、直接地成为西北乡村民居建设的反馈信息。

3.5　小结

传统西北乡村民居在小农业生产背景下逐步发展演变成较为成熟的建筑模式，

以当代视野看待这些传统民居，必然会凸显出传统乡村民居"低能耗"、"低成本"、"环境适应性强"的特点。因此，往往会产生将"乡村绿色建筑"等同于"低成本适宜技术"的误区，实际上绿色民居的定义是随着外部环境进步和发展的，对当代乡村环境下的绿色民居应当有其自己的定义。

受到人的需求、经济条件、自然环境的影响，绿色建筑有多种表达方式。对于西北民居绿色评价而言，评价的目的是，通过示范、鼓励推广评价体系，保证评价结果能够有效成为建设过程中的反馈。通过评价，推进西北民居建设的良性发展，优先保证居住质量，提倡"品位对口，梯级利用"的用能结构，合理利用资源，鼓励不同经济成本的方案组合。

西北民居绿色评价体系的设计基于此目标展开。

4 西北民居绿色评价指标

4.1 评价指标

4.1.1 指标选取原则

评价是指在某种目的下，对目标的特定属性进行测定，然后将这种属性转化为客观的计量或主观效果。确定评价指标，是进行综合评价的基础。指标体系设计是否科学，指标选择是否合理，直接决定了综合评价的成败。

对西北民居的绿色评价而言也是同样，各评价指标相互联系、相互作用，又各自独立，是根据一定层次结构组成的有机整体。指标选择过多会导致评价内容重叠，指标数量过少会导致评价内容的片面，不能全面反映评价对象的特点。

西北民居绿色评价的指标选择，应当把握以下原则：

1. 目的性

选择评价指标是为了衡量西北乡村绿色建筑建设水平，因此指标的设计和选择要根据此目的进行。指标应具有明确的意义，与所研究的西北乡村绿色建筑体系密切相关。

2. 可操作性

指标的选择，应当力求简洁、实用，指标可度量，即操作性强。评价指标易于观测计算，避免不可捉摸的变量。

3. 可比性

评价指标不是孤立存在的，因此选择评价指标，应当让指标之间具有空间上的可比性，使评价指标能够在不同评价对象间建立比较关系，可以使评价者比较出不同评价对象在西北绿色乡村建设中的状态与程度。

4. 层次性

建立西北民居绿色评价体系，是为了未来决策提供信息，而在各个不同层次上进行调整控制，才易于解决问题。因此，应当建立不同层次的评价指标。

4.1.2 指标体系初建的基本方法

多指标（多属性）综合评价根据评价对象和评价目的，从反映评价对象某种面貌的各个角度择取评价指标，建立指标体系，并以某种算法或数学模型将多个评价指标值整合成一个综合评价值。可以说，多指标综合评价的过程，是一个综合主观信息与客观信息的综合过程，是系统构成要素之间信息交流组合的过程（图4-1）。

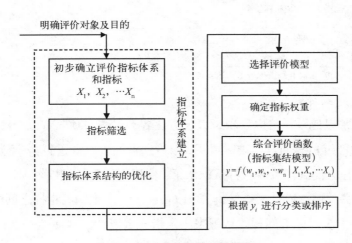

图4-1 多指标评价逻辑框图
来源：李远远，云俊.多属性综合评价指标体系理论综述[J].武汉理工大学学报（信息与管理工程版），2009（2）：306-309

指标的选择方法可以分为定性与定量两种，目前的多指标综合评价实践中，使用定性方法进行指标选取为多。

指标体系建立之前，需要明确评价对象的特征与评价目标，并明确评价项目，评价项目能够反映评价对象某一方面的特征，然后运用多种指标体系初建方法或者多种方法的结合，得出综合评价指标集合，并确定指标间的结构和相互制约关系。

指标体系的初建包括选取指标、设计指标体系结构（指标间的相互关系）两方面内容，常见的综合评价指标体系初选方法见表4-1。

综合评价指标体系指标初选方法比较　　表4-1

名称	原理	适用领域
综合法	对已存在的指标群按照一定的标准进行聚类，使之体系化	适用于对现行评价指标体系的完善和发展
分析法	将指标体系的评价目标划分成若干个不同组成部分或评价子系统，并逐步细分，形成各级子系统，直到每一部分都可以通过具体的指标来描述和实现(最基本、最常用的方法)	可持续发展评价指标体系(经济、社会与科教、资源、环境和人口等方面可持续发展)、经济效益评价指标体系等

名称	原理	适用领域
分层法（目标层次法）	首先确定评价对象发展的目标，即目标层，然后在目标层下建立一个或多个较为具体的分目标，称为准则，准则层则由更为具体的指标组成，从而形成指标体系	规划方案综合评价等
交叉法	通过二维、三维甚至多维的交叉，派生出一系列评价指标，构成指标体系	经济效益统计评价指标体系(投入产出比)、社会经济科技协调发展评价指标体系(经济、社会和科技三维交叉)等
指标属性分组法	从指标属性角度构思指标体系中指标的组成（先按动态/静态来分，再按绝对数/相对数/平均数来分）	失业状态评价指标体系等

来源：李远远，云俊. 多属性综合评价指标体系理论综述[J]. 武汉理工大学学报（信息与管理工程版），2009（2）：306-309。

上述方法加以比较，可以发现，以上方法各有优势与缺陷。综合法对于新的评价对象、新的评价目标而言，难以适用；分析法对评价对象进行科学分析生成指标体系，但是往往会受到评价者自身认识水平、知识结构和模糊性等因素的主观影响；分层法实用性强，通过设计目标结构，可以在一定程度上闲置指标之间的重复交叠，但是多要通过主观对评价问题的认识来决定指标重要性，客观性不足；交叉法应用范围有限，仅用于反映若干种要素之间的对比或作用关系；指标属性分组法脉络清晰、目的明确，但是容易造成指标之间的重复，需要不断反复完善修改。

因此，指标体系的构建应当把握评价的目的，从评价对象的特征出发，设计评价指标的内涵，并尽可能集思广益，由评价者与决策者共同参与，达成共识。

4.2 西北民居绿色评价指标体系优化

4.2.1 西北民居绿色评价指标初选

评价指标体系的构建是一个复杂的过程，包括文献资料的收集整理、评价指标的收集与筛选、指标评价标准的确定等等。在这一过程中，经验确定始终贯穿于每一个环节中。虽然评价指标的确定可以使用数学方法降低选取指标的主观随意性，但是由于所采用的样本集合不同，也不能保证评价指标体系的唯一性。因此，确定评价指标常用的方法还是经验确定法，评价指标的确定具有相当的主观性与随意性。

在本书的研究中，结合分析法和目标层次法，构建西北民居绿色评价的指标体系，在信息分析、专家咨询的基础上，构建评价项目，并在各个项目的门次下筛选、分解出具体的指标。

1. 技术信息分析

对西北民居建设进行绿色评价，离不开对相关技术信息进行科学有效、客观合理的选择及分析，可以帮助评价体系建立者明确评价目标，清晰概念，也决定了评价指标的第一轮初选。在西北民居绿色评价体系的指标择选中，建立合理的体系离不开相关信息，指标信息来源的渠道通常包括主观考量、分析统计、数据库选择、专家咨询等。在本书中，评价指标体系设计的来源主要是相关文献调研、国内外相关评价标准、实地调研以及专家咨询。

1）相关环境性能评价体系

主要包括国内外具有代表性的相关环境性能评价体系，如我国的《绿色建筑评价标准》、《中国生态住宅技术评估体系》、《绿色奥运建筑评估体系》，美国的《绿色建筑评估体系》（LEED），英国的《建筑研究所环境评价法》（BREEAM），日本的《建筑物综合环境性能评价体系》（CASBEE）以及多国合作的《绿色建筑工具》（GBTool）等。分析各评价体系在指标选取、评价方法、成果表达方面的异同，以及各自的适应性。（见第 3 章相关内容）

参考以上文献资料的同时，对选用频率高的指标给予关注，并分析其在西北乡村背景下的适应性。

2）国家以及西北各省、自治区相关规范标准

与建筑环境性能相关的技术规范、标准及其细则是制定西北生态民居评价指标及其评价标准的重要依据。在此过程中参考的规范、标准包括《住宅性能评定技术标准》（GB/T 50362—2005）、《民用建筑室内环境污染控制规范》（GB 50325—2010）、《生活饮用水卫生标准》（GB 5749—2006）、《严寒和寒冷地区居住建筑节能设计标准》（JGJ 26—2010）等。

其中一些条目可以转化成为初选阶段的评价指标，而这些规范、标准界定了西北乡村绿色建筑某些性能的底线，制定评价标准时，也是重要的参考。

3）实地调研

根据西北乡村地区的实地调研，发掘在西北乡村地区绿色建筑建设中的影响因素，结合建设行业发展的热点，并转化为评价指标量化处理。在本研究工作中，通过实地调研择选指标的目的，是针对现阶段关于乡村民居的评价体系较少，而乡村地区建设的法律法规也较少，可供抽取出来作参考的评价指标很少。

2. 专家咨询

"专家咨询"又被称为"德尔菲法"（Delphi），是在指标选取实际应用中常见的方法。即向行业内的专家发函，通过数次问卷往返的调查，征求其意见，集思广益取得共识。建立评价者通常根据评价目标和评价对象的特征，首先在调查表中列出一系列评价指标，分别匿名征询专家对此的意见，然后作为协调人进行轮间情况反

馈，经过几轮咨询直到专家们的意见趋于一致，消除意见的差异。

在本次评价指标的设计中，共发出问卷 25 份，收回有效问卷 20 份，并进行了 3 轮信息反馈。咨询专家的专业背景为建筑设计、设备工程、建筑物理，以及建筑节能、绿色建筑技术等，在问卷中，邀请专家对各指标的重要程度进行判断，并提出修改建议。

4.2.2　西北民居绿色评价指标体系建立

评价项目的设立与评价指标的选取以分析法和目标层次法结合进行，技术信息分析和专家咨询贯穿其中，在此过程中，会经过几轮的信息反馈，不但需要各位咨询专家意见趋于一致，同时，还需要评价体系的建立人与咨询专家多次沟通，明确传达建立西北民居绿色评价的目标，在专家意见与技术信息分析结果之间取得共识。

因篇幅限制，本书不赘述技术信息与专家问卷几轮之间的信息反复与择选。最终指标的选取结果，反映了专家意见、技术信息分析结果以及决策人意见。因为，即使专家在被咨询中提出了不同的意见，仍然需要与决策人沟通，并达成一致。

无论"技术信息分析"还是"专家咨询"，都是以经验确定法贯穿其中。"技术信息"经过分析后得出的结论，最终还是需要人的主观判断来得出，"专家咨询"更是各位被咨询专家根据专业经验得出的结论。也就是说，无论何种综合评价方法，包括数学方法在内，最终进行指标初选和重要性排序的决策者都是"人"。

因此，在下文关于评价项目的设立、评价指标的筛选、评价标准的划定，都以决策人与被咨询专家达成一致的意见为准。

4.2.3　评价标准定级及量化

通过评价来传达建筑的环境性能是一项综合性很强的工作，其中确实包含了定性与定量、精确与模糊、无序与体系化之间的对立统一关系，因此评价值就成为重点问题。

通常可量化评价指标的类型分以下几种：

（1）可准确量化的指标，如各种指标、额度、温湿度等，其评价值应当尽可能精确计算。

（2）可以进行定量分析，但难以精确计算，只能得出较为模糊的估计或者得出区间范围，例如社会效益、现代化程度等。

（3）只能进行定性分析，例如美学、文化等，对于这种难以准确计算的指标，通常进行粗略估算和专家定性分析，通过经验和认识进行主观判断，得出评价值，因此这种评价带有一定的随机性和不确定性的色彩。

作为评价活动中应用于对象的价值尺度和界限，西北民居绿色评价标准建立采用以下方式：

（1）类比标准，参考同类型的相应指标，进行类比评价确定等级。

（2）国家、行业、地方颁布的相关法律法规，以及相应的标准。

评价标准应当具有较强的可操作性，同时适度先进，超前于当下现状。已出台相关国家法律法规与标准，尽量采用规定的标准值，但是在具体操作时要根据实际情况考量，因为如果仅用规范（标准）中的个别条文作为评价标准，就失去评价的意义了。评价的目的并不是判断规范条文执行得好不好，而是条文规范被执行以后的集合效果。

对西北民居的评价而言，该评价标准的建立依据是：力求满足生活质量标准与城市一样，但是，城乡不能走一样的发展途径。

众多评价指标的量纲不同，多数指标仅能评估为某个范围，因此本书的研究中，关于各指标评价值的量化，以"1、2、3、4、5"，分别对应"差、不合格、合格、良、优"。

对于评价值量化，还要遵循以下原则：

（1）可以量化评价的指标，以普遍适用的行业水平、地方水平为依据，根据标准实现的程度进行打分。

（2）只能定性描述的指标定量化时，需要评价者凭借认识程度和经验进行判断，分数的高低根据评价对象特点及对环境的影响来进行评定。

（3）各种法规、规范、标准的执行作为评价及格标准。

4.3　西北民居绿色评价指标体系

4.3.1　相关评价体系内容比对

西北民居绿色评价体系的评价项目在文献与技术信息分析的基础上，结合西北乡村的特点确定。关于西北民居绿色评价指标体系的构建，需要在厘清"绿色建筑"概念的同时，结合西北民居的特殊性，正确地选择评价内容。

关于"绿色建筑"的概念，我国《绿色建筑评价标准》的定义是"在建筑全生命周期内，最大限度地节约资源（节能、节地、节水、节材）、保护环境和减少污染，为人们提供健康、适用和高效的使用空间，与自然和谐共生的建筑"。这一概念充分体现了我国政府重视在"全生命周期下"实现建筑"四节一环保"，突出"适用高效"，强调与自然和谐共生，营建和谐社会的思想。因此，西北民居绿色评价体系，需要建立在以上概念基础上。

对比前文提到的当前国内外较有代表性的绿色建筑评价体系，可以发现，在评价内容上，几乎都包括了能源、水资源、场地环境、材料资源、室内环境等五部分内容（表4-2）。

各评价体系评价内容比较　　　　　　　　　　　　　　表4-2

名称	地区	评价方式	评价内容
《绿色建筑评估体系》（LEED）	美国	评定级别	场地规划、提高用水效率、能源与大气环境、材料资源、室内环境品质、创新设计
《建筑研究所环境评价法》（BREEAM）	英国	评定级别	管理、健康、能源、交通、节水、材料、土地利用、生态、污染
《绿色建筑工具》（GBTool）	多国合作	评定相对水平	资源消耗、环境负荷、室内环境质量、服务质量、经济、管理运营、交通
《建筑物综合环境性能评价体系》（CAS-BEE）	日本	百分制建筑环境效益	Q：建筑品质　　L：环境负荷 Q_1：室内环境　L_1：能源消耗　　$BEE=Q/L$ Q_2：服务品质　L_2：材料消耗 Q_3：场地环境　L_3：大气影响
《中国生态住宅技术评估体系》（CEHRS）	中国	打分制	选址与住区环境、能源与环境、室内环境质量、住区水环境、材料与资源
《绿色建筑评价标准》（ESGB）	中国	评定级别	节能与能源利用、节水与水资源利用、接地与室外环境、节材与材料资源利用、室内环境、运营管理

通过分析，可以看出我国通用的绿色评价体系的评价内容与国际几部具有代表性的评价体系，具有相当部分的重叠。但是对于乡村民居来说，不够全面。美国、英国、日本等发达国家，城乡居住环境的差异较小，而我国城乡差别较大，《中国生态住宅技术评估体系》、《绿色建筑评价标准》两部评价体系更适合城市住宅，难以全面反映乡村民居的特征。

在第1章中提到，与城市住宅主动变革应对环境变化的方式不同，乡村民居与环境关系密切，应对环境的方式是逐渐发展演变出来的。但是这种发展、演变的结果容易稳定地与其所处的外界环境相融，可是也存在时间滞后的现象。因此，在社会变革与经济发展的时代背景下，乡村民居面临着巨大的机遇与挑战。一方面，改善居住环境品质是必然的发展之路，另一方面，其特殊性又决定了不能走与城市建筑一样的道路。我国西北地区的地域广阔，自然地理环境、社会经济环境都十分独特，西北乡村民居的评价应当能够对这些特征有所反映，根据地方情况对体系进行设计。

西北地区自然环境较恶劣，经济环境较差，尚缺乏完善的制度法规对乡村建设进行约束与管理。许多在城市住宅一定会具备的条件，多数乡村民居却难以满足，因此，在进行绿色建筑评价时，对于城市住宅来说，不需要设立的评价项目，却应当成为西北乡村民居的必备评价项目。

对西北乡村民居来说，评价内容除了包括能源、水资源、场地环境、材料资源等内容外，对居住质量的关注不能只局限于室内环境。同时对环境负荷、经济性能、民众参与应当给予关注。

4.3.2 评价内容选择

西北民居的绿色评价是西北地区民居建设与发展重要的工作程序，是实现西北民居走向绿色发展道路的必然途径。该评价是西北乡村民居建设科学管理的重要依据之一，以此依据可以建立起相关的建设管理法规与设计标准。

结合西北乡村民居的现实状况，并针对前一章中提出的西北乡村民居居住环境质量差，用能效率低，环境负面影响大的问题，西北民居的绿色评价体系应当具有以下特点：

（1）结合西北乡村居住环境现状，设立评价指标。加入对居住质量的评价，通过设立相关评价指标，追求安全、舒适、高效的居住环境；针对用能状况，鼓励因地制宜使用可再生能源与被动式节能技术；针对环境负荷状况，通过提出针对乡村环境现状的环境负荷指标，鼓励垃圾废物的有效处理。

（2）结合西北乡村地区的环境特点进行指标权重排序。例如西北乡村地区水资源短缺的问题远远突出于土地资源节约的问题，在权重阶段对此进行排序与调整。

（3）结合西北乡村的特殊状况，经济制约是造成西北民居缺陷的重要原因之一，住户普遍对民居的经济造价较敏感。在西北民居绿色评价中加入经济性评价内容，目的是在追求经济成本与生态效益之间的最佳平衡点。

（4）结合西北民居现阶段多为住户自建的现实情况，居住者的认同程度、满意度、使用感受是评价的重要信息来源，在评价中，注重民居居住者的参与及满意程度。

4.3.3 评价指标框架

为充分实现西北乡村绿色民居的评价目标，西北民居绿色评价体系从居住质量、能源、材料资源、水资源、土地资源、环境负荷、社会效应等七个方面选取指标对西北民居进行绿色建筑评价，即评价体系的第二层指标。

"居住质量"的指标设立，在我国现行的针对城市建筑的评价标准中（如《绿色建筑评价标准》、《中国生态住宅技术评估体系》）仅有关于室内物理环境的内容，因为城市建筑在建设法律、法规的监控下，室内环境品质、选址安全等问题并不突出，而且住宅的空间模式也相对稳定。相比之下，西北乡村民居普遍缺乏法规约束，不但居住环境、质量安全难以得到保证，就连传统的空间模式也受到时代变革的冲击。因此，单独设立关于居住质量的评价内容，才能够保证西北绿色民居的基本条件。

"能源"指标在几乎国内外具有代表性的建筑环境评价体系中均有涉及，但是西北乡村民居的评价重点有所不同。相比于用能结构单一、建筑规模集约的城市住宅，乡村建筑规模小、点多、面广，用能结构复杂，建筑能源问题突出，因此评价内容也不尽相同。结合西北自然能源状况，针对乡村地区优质能源日益增长的需求与商品能源供应短缺之间的矛盾，西北乡村民居建筑能源问题的评价重点是，鼓励太阳能等低成本、清洁可再生自然能源的利用，降低商品能的比例。

"材料资源"的评价鼓励遵循绿色建筑的原则选择和使用建筑材料，在西北民居的全寿命周期中，鼓励因地制宜选择建筑材料，在建设各个环节控制建筑材料的消耗量，力求减少环境损失，避免浪费，减少废弃物。

"水资源"评价在西北乡村地区尤为重要，西北地区水资源时空分布极不均衡，属于水资源匮乏地区。同时，农村建筑用水和农业用水在我国用水总量中占的比例很大，而农村供水量、饮水质量保证往往达不到与城市一样的标准，污废水排放无规律，相关的法律法规对此又缺乏约束。"水资源"的相关内容几乎在所有建筑环境性能评价体系中都有所涉及，但是作为基于缺水乡村地区建立的评价体系，西北乡村民居绿色评价中的水资源评价内容，应当鼓励水循环利用率和用水效率，实现水资源可持续发展和利用，改善生态环境。

"土地资源"指标，我国现行的宅基地政策决定了只能通过农户自建、合建的形式来实现居住的需求，因此，城乡土地面临的土地资源节约问题重点也不相同。该评价指标的设立，考虑我国西北乡村土地总量多，但可耕种用地占总土地面积偏少，并且大量宅基地被浪费闲置的现状，鼓励通过规划设计手段优化用地结构，提高土地的集约度，实现土地资源的优化配置。

"生活废弃物"指标在西北民居绿色评价体系中单独作为指标提出来，主要是针对西北乡村民居不能做到村村与市政管网设施相连，因此对垃圾、粪便、污废水（关于污废水处理的评价被归到"水资源"评价内容中）等废物缺乏集中处理，只能依赖于村民的自发组织。该指标鼓励减少废弃物的环境负面影响，并在有可能的条件下，实现其减量化、无害化、资源化。

"社会效应"指标的设立旨在鼓励西北绿色民居建设中，调动当地群众热情，使其成为绿色民居建设的主体。该评价内容鼓励保护地域文化与历史风貌，鼓励住户参与，并考虑到多数住户对经济性较敏感，加入了绿色效应的经济性评价。

4.4 西北民居绿色评价标准

受篇幅限制，难以针对每一个指标，逐一详述在其选取过程中，文献信息分析、专家意见、决策人协调与筛选的过程。下文中每一项指标的内容，是以上各环节取得一致的结果，是该指标选择的依据（即为何选择该指标）及该项指标的评价内容、评价标准。

4.4.1 居住质量

乡村绿色建筑的定义是在尊重建筑用户，满足居住舒适型的前提下，减少建造过程中对环境的损害，避免破坏环境、资源浪费以及建材浪费。西北民居的居住质量要素评价应当首先突出以人为本、以环境为中心的理念，首先对居住健康舒适与质量安全提出要求。

关于"居住质量"的指标，在我国多数评价体系中，如《绿色建筑评价标准》、《中国生态住区技术评估体系》等，并无重点涉及、单独设立，因为在健全的法律法规约束下，"居住质量"问题在城市并不突出。

相比之下，西北地区的乡村基础设施远远落后于城市，不但表现在"硬件"——基础设施方面，也表现在"软件"——建设法规与规范方面。这些直接导致西北民居的居住生活质量难以得到保证。这一指标的设立，可以鼓励对乡村民居这一缺陷的重视。

现阶段，西北民居多数是由农民自发组织建设，近年来随着经济的发展，农民改善生活的愿望也通过对住宅的建设体现出来。但是这种美好的愿望往往带有盲目性，其自建住房大多自拆自建。而且建房更追求房屋的面积、数量，对"质"的要求并不很高。不但一般的自建住宅都存在着质量问题，而且还有健康安全隐患，例如通风、保温、采光、承受自然灾害能力等问题难以解决。

西北民居居住质量评价包括以下内容：

1. 合理便利

目前我国西北农村建设需要根据农村的经济发展模式、生活水平和发展阶段，选择适应生产、生活的设计模式。

现阶段，西北农村自建住房的突出问题是，多数不能正确处理建筑内容与形式之间的关系，建筑空间缺乏统筹考虑与统一安排，忽视了对生活实际需要的满足。例如，新建民居过分追求建筑体量，建筑布局混乱，面积大而不当。又如，农村由于长期的生活习惯，生产活动和生活不能明确分开，居住空间对此没有相应的处理，使得卫生环境不良。

该评价指标要求建筑功能齐全、布局合理，建筑设计尊重西北农民的生活劳作习惯，在此基础上，做到洁污分区、布局合理，根据合理的宅基地条件，合理分配房间，面积比例适当。

该指标可以分解为"使用功能"与"空间布局"两方面进行评价。

1）使用功能

在我国现行的标准，如《绿色建筑评价标准》、《生态住区技术评估手册》中，对住宅建筑设计均无评价内容，实际上设计问题在城市住宅中并不突出，因此在评价住宅的绿色性能时，没有相关内容。而在《住宅建筑技术经济评价标准》（JGJ 47—88）、《住宅性能评定技术标准》（GB/T 50362—2005）中，有对住宅使用功能评价的相关内容，但是将住宅的功能划分得很细，进行分项评价，将住宅在空间布局方面的优劣反映在房间配置是否合理，交通联系是否方便，分区是否明确，布置是否紧凑等方面，十分强调各房间的功能性。

然而，乡村民居的评价套用上述标准并不适宜，因为乡村民居与城市住宅相比，使用要求不同。乡村民居的生活与日常劳作分不开，且多为独栋独院，自建自用，因此在建设和居住使用时，住户就会根据需要大概划分空间，并在使用中灵活调整功能。因此，上述单项指标评价，并不能反映使用功能的优劣。

该评价标准针对西北民居现存的问题，粗放式建设与设计，导致使用不便，空间浪费，卫生条件差等，提出相应的评价标准。

该评价指标为定性指标，由评价者打分进行评定。各分项评价内容评价结果在1 ~ 5分之间，5个分数等级，其评价总分等于各内容得分值的平均值（表4-3）。

使用功能评价标准　　　　　　　　　　　　　　　表4-3

评价内容	得分要求				
	1	2	3	4	5
1.考虑生活与劳作需要，合理组织各功能空间的布局，保证功能适用齐全					
2.结合家庭人员结构，组织房间					
3.功能配置合理，洁污分区、干湿分区明确，保证舒适与卫生					
4.设计预见生活和生产发展，具有灵活性，保证民居的可持续改造					
最终得分（各项得分的平均值）					

2）空间布局

该评价标准针对西北民居的空间布局，鼓励合理使用建筑空间，避免浪费，并要求合理的面积与高度。

该评价指标为定性指标，由评价者打分进行评定。各分项评价内容评价结果在1～5分之间，5个分数等级，其评价总分等于各内容得分值的平均值（表4-4）。

空间布局评价标准　　　　　　　　　　　　　　　　　　表4-4

评价内容	得分要求				
	1	2	3	4	5
1.各房间平面尺度适宜，面积分配合理					
2.各房间门窗位置适当，墙面完整，利于家具布置摆放					
3.层高合理，既满足使用需要，又满足节能标准体形系数要求					
最终得分（各项得分的平均值）					

2. 舒适健康

该评价指标评价的内容是居住环境的安全健康，包括室内空气质量、室内物理环境（热环境、声环境、光环境等）等，西北民居的居住环境应满足生活健康和舒适的需要。

西北乡村地区室内环境面临的突出问题是冬季室温过低和空气质量差并存，存在大量非清洁燃料的低效使用，秸秆、煤炭、薪柴直接低效燃烧，缺乏通风排烟措施，造成室内外空气污染严重。经济落后的西北乡村地区，落后的用能方式严重地污染了农村室内空气质量，影响生活质量的提高。

该指标可以分解为"室内空气质量"、"室内热环境"、"室内声环境"、"室内光环境"四方面。

1）室内空气质量

对西北民居而言，居住环境空气质量影响因素的主要来源是生物燃料的低效、不充分燃烧，燃煤的直接燃烧，炊事油烟等。受制于经济水平，现阶段在西北农村生活能源结构中，商品能源的消费水平很低，农村家庭能源消费大多数为非商品能源。煤炭、农作物秸秆和薪柴还占很大比例，其利用方式是在简陋的炉灶上直接燃烧，其排放物以 SO_2、TSP、CO_2 为主。带来的负面影响主要是对农村室内空气质量的污染。非清洁能源使用，炉具取暖效率低、能源燃烧不充分，都会产生有害物并散发到室内。与此同时，还存在一些建筑材料和家具等化学污染等。一些针对城市的室内空气质量评价指标，则不太会涉及，例如空调系统冷却塔的清洁、空调系统通风系统的清洁等。

该评价指标针对西北民居的使用现状设立，鼓励良好的室内通风环境，提高能源在取暖、炊事中的使用效率，同时要求其室内空气质量必须满足国家相关的规范要求。

室内空气质量是各污染物综合作用的结果，单项指标是否超标或者满足不能够反映室内空气质量的优劣。但是在本评价中，仅是将其作为评价西北民居居住质量的一部分，因此不强调季节性、户外环境、烹饪供暖方式等相关因素带来的详细变化。该评价标准参考《绿色建筑评价标准》。

该评价指标为定性指标，由评价者打分进行评定。各分项评价内容评价结果在1～5分之间，5个分数等级，其评价总分等于各内容得分值的平均值（表4-5）。

室内空气质量评价标准　　　　　　　　　　　　表4-5

评价内容	得分要求				
	1	2	3	4	5
1.空气质量符合室内《室内空气质量标准》（GB/T 18883—2002）					
2.室内游离空气污染物浓度符合现行国家标准《民用建筑室内环境污染控制规范》（GB 50325—2010）的规定					
3.居住与炊事空间可以自然通风，通风开口面积不小于该房间地板面积的5%					
4.厨卫下水系统，能够防止串气和气味上泛的设备与措施					
最终得分（各项得分的平均值）					

2）室内热环境

室内热环境的构成要素包括空气温度、空气湿度、气流速度及环境辐射温度，在此基础上，与人体热舒适有关的因素还有人体的服装热阻和新陈代谢状况。通用的室内热环境的评价标准也在此基础上建立，如有效温度 ET、标准有效温度 SET、PMV-PPD 指标等。但是，对于乡村民居的评价而言，这些指标的计算与测量过于复杂，因此并不适用。

现阶段，西北民居室内热环境的主要问题为冬季室温偏低，究其原因有二：围护结构设计不合理，冬季供暖负担高。城市住宅在设计阶段，有热工设计的环节，先确定室内设计温度，以此为依据设计围护结构，同时冬季供暖系统也有保证，因此根据设计标准建成的住宅就能够保证冬季室内温度。乡村民居往往自发修建，缺乏设计依据，围护结构常常缺乏有效的保温措施，建筑体形系数大，在这样的情况下，冬季经济条件好的住户加大供暖能源燃烧，而经济条件差的住户则只能降低冬季室温。

因此，西北乡村民居的室内热环境评价，将冬季室内温度作为评价标准，虽然可以反映冬季室内热环境情况，但是并不能说明达到该温度是以消耗大量能源为代价，还是建筑本身的保温性能提高了，也就背离了评价"绿色"民居的初衷。

对西北民居室内热环境的评价，应当在缺乏设计过程时，对建筑本身的保温性能加以要求；有设计过程时，因地制宜确定设计温度，这是因为，西北乡村居民的生活起居习惯与城市相比有较大差别，使得住户对冬季室内舒适程度的要求也不相同（表4-6）。

室内热环境评价标准 表4-6

得分	得分要求
1	—
2	—
3	外围护结构具有较低的传热系数和良好的热稳定性，屋面、地面、外墙和外窗的内表面在使用中无结露（两项必须同时满足）
4	上述基础上，针对生活劳作习惯，参考《严寒和寒冷地区居住建筑节能设计标准》（JGJ 26—2010），将室内设计温度规定在较宽的范围内，既满足现状，又可以适应未来发展
5	上述基础上，室温可调

注：该项评价指标3分起评，否则不能及格。

3）室内声环境

在所有的绿色建筑评价体系或者生态建筑评价体系中，都有关于室内声环境的内容。虽然噪声对所有居住者的负面影响是一样的，但是乡村民居与城市住宅声环境的评价标准却不同，原因如下：

首先，噪声来源不同。乡村民居多为独立住宅，通过管道、楼板和墙壁带来的噪声干扰远远低于城市住宅。例如，乡村民居中，邻户的日常家居（家居拖动、户内吵闹等）行为带来的噪声干扰，远比城市住宅小；又如，电梯、中央空调、循环水泵等建筑设备运行时产生的噪声在乡村民居中也几乎不会存在。

其次，对声环境的认知不同。对居住环境而言，不同的居住者，不同的生活工作习惯，不同的时段对声音的反应也存在差异。例如在开放的办公环境中，空间使用者在意语言的私密性，普遍认为最大的噪声干扰源为讲话声；在家庭生活中，空间使用者最在意休息质量，反感具有明显单频成分的声音，对讲话声则不在意。而乡村日常起居中"喧杂热闹"的生活劳作环境，则不被城市居民接受。

在我国现行的《绿色建筑评价标准》中，仅对噪声级、隔声量作了规定，在此基础上，《中国生态住区技术评估手册》增加的评价标准是关于城市住宅从声源方面控制噪声的措施。西北民居声环境评价，仅套用以上声环境的评价标准是不适宜的。一方面是因为声环境的影响与人的主观感觉有关，城市与乡村标准不尽相同；

另一方面上述评价将规范中规定的噪声级、隔声量作为评价标准，相当于用设计规范对此重新约束了一次，体现不出设计标准与评价标准的区别。

该指标要求西北绿色民居声环境避免对居住者产生心理或生理上的不良影响，并保证居住私密性（表4-7）。

室内声环境评价标准　　　　　　　　　　　　　　　　　　　　表4-7

得分	得分要求
1	—
2	—
3	居住者对声环境的主观评价结果为满意
4	上述基础上，通过合理的选址、平面布局、绿化降噪、减噪，并对门窗缝隙、家居、墙体等采取有效隔声减噪措施
5	上述基础上，各房间允许的噪声级与隔声标准符合《民用建筑隔声设计规范》（GBJ 188—88）中住宅建筑部分的要求

注：该项评价指标3分起评，否则不能及格。

4）室内光环境

对西北生态民居而言，该评价标准要求光环境的舒适与健康，即日照、采光和照明在指标数量方面达到规范、标准要求；而且还要求保证光效、照明节能，即耗费尽量少的电能，达到良好光照效果（表4-8）。

室内光环境评价标准　　　　　　　　　　　　　　　　　　　　表4-8

得分	得分要求
1	—
2	—
3	各房间采光系数标准值符合《建筑采光设计标准》（GB/T 50033—2001）中居住建筑部分的要求，各房间照度标准值符合《建筑照明设计标准》（GB 50034—2004）中居住建筑部分的要求（两项必须同时满足）
4	上述基础上，灯具清洁，充分利用天然采光，且居住空间具有良好的视野，户间居住空间无视线干扰
5	上述基础上，有可调节的自然眩光控制装置或外遮阳装置，或者能够利用各种导光和反光装置将天然光引入室内进行照明，或能利用太阳能作为照明能源

注：该项评价指标3分起评，否则不能及格。

3. 安全

现阶段我国西北乡村住宅往往由村民自发组织建造，其各个建设环节往往只是根据农村工匠口头相传的经验确定，因此从选材到建造存在许多隐患。一些农户出于改善生活的美好愿望，追求住房的造型样式与面积，却忽略了建筑质量安全，会出现建筑选址不当，使用钢筋量不够等问题。

农村建房质量安全问题，一方面会缩短建筑寿命，建筑使用年限短意味着新资源、能源的再次投入，造成巨大浪费；另一方面建筑缺乏抗震能力，结构隐患多，自然灾害抵御能力差，更容易导致生命安全损失。同时，在修建时缺乏法律法规约束，缺乏规范标准引导的自建住房，在火灾、洪灾、震灾、风灾、地质灾害、雪灾、冻融灾害等面前，抗御能力极低。

该评价指标鼓励通过西北乡村地区经济实用的技术手段，考虑平灾结合，实现房屋的质量安全。

该指标可以分解为"建筑防灾"、"建筑质量安全"两方面进行评价。

1）建筑防灾

西北乡村民居防灾相对城市防灾有其特殊性。首先，就民居本身而言，西北乡村民居量大、面广，不同地区自然环境、人口规模、经济发展状况差别很大，防灾避灾的能力差别也较大，因此西北地区的各个村庄安全防灾工作重点有较大差别。

其次，就灾害种类而言，西北乡村民居面临的灾害种类较多，不确定性往往很大，不同村庄面临的灾损可能性与防御水准也有较大差异，制定统一的村庄安全与防灾防御目标难度较大。

该标准的评价对象是西北民居，该标准建立的目的不是具体考量西北乡村面临灾害抵御水平的高低，而是将生命财产安全作为西北生态民居的必备项目进行评价。因此该标准不详细地针对每一种可能出现的灾害，对其灾害防御程度进行评价，而是在我国尚无统一的灾害危险水准的分类分级规定的背景下，鼓励以灾害出现频率较高灾损程度较大的灾种为主，综合防御，将保护人的生命安全放在第一位。

关于在选址阶段的灾害防范，在4.4.5节"土地资源"的"1.选址"部分进行评价，该指标的设立旨在防范突如其来的灾害。

该指标为定性指标，由评价者打分进行评定。各分项评价内容评价结果在1～5分之间，5个分数等级，其评价总分等于各内容得分值的平均值（表4-9）。

建筑防灾评价标准					表4-9
评价内容	得分要求				
	1	2	3	4	5
1.选址避开洪灾、泥石流等自然灾害威胁					
2.根据所在地区灾害环境和可能发生灾害的类型布局灾害防御，包括地震、泥石流、山洪与内涝、滑坡、防风、雪灾与冻融、雷暴等，并符合现行相关的国家标准与规范的有关规定					

评价内容	得分要求				
	1	2	3	4	5
3.按照国家有关规定配置消防、通道分区、用水、设施等，符合现行国家标准《建筑设计防火规范》（GB 500016）及农村建筑防火的有关规定					
4.建筑设计符合现行《建筑抗震设计规范》（GB 50011），《建筑地基基础设计规范》（GB 50007）的有关规定					
5.综合考虑各种灾害的防御要求，统筹进行避灾疏散场所与避灾疏散道路的安排，保证临灾预报发布后或灾害发生时疏散人员安全撤离					
最终得分（各项得分的平均值）					

2）建筑质量安全

该评价标准要求对建筑工程质量的评价在遵循《建筑工程施工质量验收统一标准》（GB 50300—2001）和《建筑工程施工质量评价标准》（GB/T 50375—2006）原则的基础上，分部分项对建筑工程各阶段进行评验。

该评价指标为定性指标，由评价者打分进行评定。各分项评价内容评价结果在1～5分之间，5个分数等级，其评价总分等于各内容得分值的平均值（表4-10）。

建筑质量安全评价标准　　　　　　　　　表4-10

评价内容	得分要求				
	1	2	3	4	5
1.原材料、半成品和构配件具备完整的产品合格证、技术说明书、质量检验报告，同时具有当地建设行政部门签发的准用证					
2.施工所用各种材料及混凝土(砂浆)的配合比、梁柱墙等成品构件强度正常和稳定，满足设计和规范					
3.施工技术措施具有针对性和有效性，如地基基础、主体、屋面、设备安装以及冬雨季施工的质量保证措施的可靠性和预见性					
4.完整的质量监督工作程序和施工管理办法					
最终得分（各项得分的平均值）					

4.4.2 能源

在本书中，西北民居的建筑能耗包括民居日常生活使用过程中所耗费的能源，主要包括冬季采暖用能、夏季空调用能、炊事用能、照明用能、其他家用电器用能等。

我国是能源消费大国，其中农村地区的能源消费总量又占全国消费总量的34%。然而，作为经济条件欠发达的西北地区，农村的建筑用能最突出的问题是冬季采暖用能，即使这样冬季室温过低、污染严重的现象也很普遍。近年来，伴随农村收入水平的逐年增加，乡村地区消费商品用能的比例正在逐年上升。根据《中国农村统计年鉴 2006》，目前商品能在整个农村地区的生活中已经占到 60% 的份额，然而 20 世纪 80 年代，我国农村使用薪柴、秸秆等生物质能的比例还占到 80% 以上[①]。西北地区经济发展水平相对落后，虽然商品用能比例低于全国平均水平，但商品用能仍在持续增长中。

因此设立能源指标意义重大，而且几乎所有环境性能评价都包含该指标，但是对该指标来说，西北乡村民居评价不宜直接套用城市评价标准。

首先，城市建筑密度高，常规商品能源使用率高，设计与建设有统一的规范法规可循，因此针对城市住宅的绿色评价提出以数据为核心的定量评价标准，容易实现对建筑能耗的监管，如"建筑主体节能指标"、"建筑冷热源的能量转换效率"、"能源输配系统的工作效率"等。相比之下，西北乡村民居居住分散，生活生产方式差异大，不同地区的经济发展不均衡，还导致不同地区商品用能总量差异大。因此统一的定量标准难以提出。

其次，乡村民居的节能任务是避免民居的能耗随着建设规模的增大和生活水平的提高造成大幅度的增长，其节能措施应当严格控制所谓的"节能高技术"，如集中供冷、中央空调等，而鼓励成本低、易于推广的被动式节能技术。例如，针对城市住宅的绿色评价，将"建筑主体节能指标"作为主要评价指标（如《中国生态住区技术评估手册》），该指标可进行定量计算，以建筑全年的耗热量、耗冷量低于参照建筑的百分比作为计算结果，指标计算结果清晰易读，但是并不鼓励被动式技术的运用，其评价结果难以反映乡村民居真实情况。另外，被动式可再生能源的利用，往往也难以直接量化。

西北乡村地区建筑能源的节约应当包括以下内容：依靠简单易行、成本较低的被动式节能技术；推广可再生能源，通过合理使用和有效利用能源，降低建筑能耗量。针对西北民居的绿色节能评价也由此展开。

同时，对西北民居建筑节能的评价并不能单一追求用能效率，乡村民居用能效率的提高并不意味着绿色建筑的效率相应提高。例如发达国家虽然建筑用能效率高于我国，但建筑用能总量却远远超过我国，乡村地区经济落后，其建筑用能应当在满足"生活舒适"的前提下，追求降低建筑能耗的实际数量。

西北民居能源要素绿色评价指标包含以下内容：

---

① 绿色建筑论坛组织. 绿色建筑评估[M]. 北京：中国建筑工业出版社，2009：13.

1. 用能方式

该指标设立的目的是鼓励被动式节能，同时改变西北乡村低效落后的用能方式。例如选用高效的用能设备（如炉具等），鼓励利用场地自然条件，合理设计建筑体形、朝向、楼距和窗墙面积比，采取有效的遮阳措施，充分利用自然通风和天然采光，提高太阳能和风能的利用率，或者加强围护结构的保温措施，改善围护结构热工性能，靠降低墙体、门窗、屋顶、地面的耗热量以及减少门窗空气渗透热等来减少建筑能耗。

中国广大农村地区居民66.7%以上的生活用能依靠传统生物质能供给[①]，传统的生物质能利用方式多为直接燃烧，不仅燃烧效率低，也对室内造成了很大的污染，同时还导致生物质资源过度消耗，造成了难以逆转的水土流失、生态环境破坏和土壤有机质下降等现象。该评价指标还鼓励切实可行、易于推广、技术门槛低的清洁用能技术措施，例如沼气，或者高效生物质能源利用技术，如生物质固化成型技术、新型生物质半气化采暖炊事炉等。

该指标可以分解为"被动式节能"、"主动节能"两方面进行评价。

1）被动式节能

该评价标准鼓励西北乡村民居被动式节能。被动式节能手段简单易行，经济成本可控，在乡村地区易于推广，鼓励通过合理的建筑设计、施工，降低建筑在使用过程中的能耗。

该项指标为定性指标，由评价者打分进行评定。各分项评价内容评价结果在1～5分之间，5个分数等级，其评价总分等于各内容得分值的平均值（表4-11）。

被动式节能评价标准　　　　　　　　　　　　　　　　表4-11

评价内容	得分要求				
	1	2	3	4	5
1.设计要有利于改善夏季室内热环境，如采用自然通风方式，结合有效的遮阳措施等					
2.设计要有利于提高冬季室内热舒适度，如充分利用天然采光和冬季日照，利用场地自然条件合理设计建筑体形、朝向、楼距和窗墙面积比，采用被动式太阳房等					
3.通过绿化、水体、地形等外部条件，进行防风、遮阳、蒸发降温，创造适宜的建筑环境，并提高建筑室内舒适度					
4.采用增强建筑围护结构保温隔热性能和提高采暖能效的措施，住宅围护结构热工性能指标符合国家和地方居住建筑节能标准的规定					
最终得分（各项得分的平均值）					

[①] 清华大学中国建筑节能研究中心.中国建筑节能年度发展报告2008[M].北京：中国建筑工业出版社，2008：36。

2）主动节能

该评价指标实际评价内容为"设备节能"，鼓励西北乡村民居在能源使用中，通过高效设备、清洁的能源使用方式，主动节约常规能源。

该指标为定性指标，由评价者打分进行评定。各分项评价内容评价结果在 1～5 分之间，5 个分数等级，其评价总分等于各内容得分值的平均值（表 4-12）。

<table>
<tr><td colspan="6" align="center">主动节能评价标准</td><td align="right">表4-12</td></tr>
<tr><td rowspan="2">评价内容</td><td colspan="5" align="center">得分要求</td><td></td></tr>
<tr><td>1</td><td>2</td><td>3</td><td>4</td><td>5</td><td></td></tr>
<tr><td>1.按户设置电能计量装置</td><td></td><td></td><td></td><td></td><td></td><td></td></tr>
<tr><td>2.选用节能高效照明灯具及其电器附件和配线器材，避免使用白炽灯</td><td></td><td></td><td></td><td></td><td></td><td></td></tr>
<tr><td>3.在采暖和炊事中选用效率高的生活用能设备，如高效炉具、改良火炕等</td><td></td><td></td><td></td><td></td><td></td><td></td></tr>
<tr><td>最终得分（各项得分的平均值）</td><td></td><td></td><td></td><td></td><td></td><td></td></tr>
</table>

2. 用能种类

随着农村人口的不断增长以及生活水平的逐渐提高，西北农村地区生活用能将会快速增长，一方面，秸秆、薪柴等传统生物质能消费量将急剧增加，燃烧排放的 CO_2 对温室气体总量的影响也将越来越大，另一方面，随着经济发展，乡村商品用能量的增长会给我国的能源发展带来巨大压力。

西北地区蕴含丰富的自然能源，如风能、太阳能、生物质能等，目前农村生活能源包括秸秆、薪柴、煤炭、电力、成品油（气）、牲畜粪便等能源，目前电力、成品油（气）所占农村总生活能源的比例很小，且属于清洁能源，释放的污染物较少。

该指标建立的目的是鼓励合理的西北农村生活用能结构，例如新能源，包括太阳能、风能、水能、沼气和地热能等，是洁净能源，对环境不产生或很少产生污染。以不破坏和牺牲生态环境为前提，既要考虑到用能结构的合理性，又要考虑农民的收入来源，同时还应考虑充分利用太阳能和常规能源，逐步提高农民的用能水平，使其良性循环。

关于清洁能源的使用不但涉及能源种类，而且涉及用能方式，因此能源是否清洁使用，可在空气质量中评价。

该指标可以以"可再生能源利用"、"用能结构"作为标准进行评价。

1）可再生能源利用

西北大部分农村地区经济发展水平低，基础设施落后，相对于日益增长的生活用能需求，西北乡村地区可直接利用的能源资源量十分有限，出现了乡村居民对能源日益增长的需求与商品能源供应短缺之间的矛盾。

同时，受村庄区位、自然条件、经济条件、传统习惯的制约，西北不同地区各类能源的资源分布、利用成本等差异较大。对能源的需求，若不加以引导，可能会出现草木过度采伐、生态环境恶化的局面。

该评价标准鼓励西北乡村用能立足农村，开发当地可再生能源，减少西北乡村居民对商品能源的依赖，并且有效改善乡村生产生活条件（表4-13）。

可再生能源利用评价标准　　　　　　　　　　　　　表4-13

得分	得分要求
1	可再生能源缺乏利用，常规能源消费浪费
2	可再生能源利用效率低，不能做到因地制宜选择能源利用方式
3	节约能源，开发利用可再生能源。可再生能源的使用占建筑总能耗的比例大于5%（5%参考绿色建筑评价标准）
4	上述基础上，因地制宜确定能源利用形式。村庄炊事及生活热水用能以太阳能、改良的生物质燃料等清洁环保能源为主，推广使用省柴节煤炉灶
5	上述基础上，鼓励因地制宜开发先进能源利用技术，如村（镇）办沼气供应站、村（镇）办生物质成型燃料生产、村（镇）办风能、地热能发电等，推广建设示范工程，逐步规模化和市场化

2）用能结构

西北农村地区面积广阔，居住分散，用能密度低，输送成本高，商品能源成本反而高于城市。近年来，随着农村人民生活水平的提高，部分地区也出现农村非商品能源被煤炭、电力等商品能源取代的趋势，如果任其无序盲目地发展，将对我国的能源供应带来极为沉重的压力。然而对乡村居住生活而言，又不能剥夺住户享受能源转型带来高质量生活的权利，如清洁的采暖与炊事能源，舒适的室内温度等。因此建立合理的生活能源使用结构势在必行，即低品位能源与高品位能源依据不同的热值，做不同的功，避免把电力这种高品位能源转换为日常生活需要的低品位热能，例如洗浴热水使用太阳能，室内采暖可以用麦秸烧炕并辅以被动式太阳能措施。

该评价标准鼓励乡村因地制宜，采取多种用能措施，建立合理的生活用能结构，避免单一地把可再生能源使用的比例盲目作为节能考核的指标（表4-14）。

用能结构评价标准   表4-14

得分	得分要求
1	能源消耗低效浪费，居住质量差
2	用能模式单一，利用效率低
3	有多种生活用能方式供选择
4	上述基础上，因生活需要确定采用能源的形式，日常生活需要的低品位热能使用低品位能源
5	上述基础上，合理建立生活用能结构，并保证舒适健康的生活质量

4.4.3 材料资源

资源承载力是衡量人与自然是否和谐的重要指标之一，节约资源已经成为我国的一项重要国策，西北地区人均资源相对匮乏，在经济发展的今天和未来较长的一个时期内，资源的短缺是影响西北地区，尤其是经济较落后的乡村地区，社会稳定、和谐、可持续发展的重要因素。

建筑行业的资源节约与环境友好，体现在"节能、节地、节水、节材"等方面。在西北民居绿色评价体系中，资源要素的评价包括"建筑材料资源利用"、"水资源利用"与"土地资源利用"三部分。

对西北地区乡村民居的建设来说，难以做到所有的建筑材料都是"绿色建材"，而从绿色建筑的概念出发，也并非所有使用"生态建材""绿色建材"的建筑，就是"绿色建筑"。但是在乡村绿色建筑的建设中，建筑材料的选择和使用应当遵循绿色建筑的原则，首先保证生活质量的提高，同社会进步相适应，力求减少环境损失，避免浪费，减少废弃物。

因此在西北民居的绿色评价中，对建筑材料的评价内容应当涉及建筑材料的生产制造，建筑的设计与施工，建筑的装修，建筑物的使用维护以及建筑物拆除后废弃物的重复使用与资源化再生利用等各个方面。既包括建造过程中材料资源选择的可持续性，也包括建筑布局、旧建筑的再利用等节约型建造方式，并涉及建筑使用过程中资源、能源消耗的节约型设计，鼓励从建造过程中材料选择的角度，以旧建筑材料的再利用，新型可循环建筑材料的应用，低能耗建筑材料的采用为重点。

然而，建筑材料作为西北民居众多的绿色评价内容之一，其评价指标的选取，需要从民居建筑的整体性能考虑。例如，不能因为单一使用了某种"生态建材"，就为评价对象加分，而忽视该种建筑材料在使用的其他环节中是否适应于当地的经济技术条件，重要的是要了解材料的使用目的。因此该部分评价标准的确定，不能一味地鼓励具体某种材料的"节能"或者"生态"效应，需要综合考虑，最后结合专家咨询和文献综述来确定。

同时需要注意的是，材料资源可持续观念下的建筑设计策略，其评价内容与"室内空气质量"部分的评价内容有所重叠，例如建筑材料中的有害物质含量，因此在此部分不再重复选择评价指标。

西北民居建筑材料资源绿色评价指标包括以下内容：

1. 材料选择

其评价的主要内容包括禁止使用国家有关部门颁布的《淘汰落后生产能力、工艺和产品目录》中限制或淘汰使用的材料与产品。同时在西北民居建筑的建造与使用全过程中，通过控制材料的选择，降低建筑材料对自然资源和能源的消耗，降低建筑材料对环境的污染。控制使用不可回收、不可降解的建筑材料，如塑料、陶瓷等。

该评价指标鼓励选择提高材料耐久性和寿命的建材技术，鼓励选择在原料采取、产品制造、应用过程和使用以后的再生循环利用等环节中对地球环境负荷最小和对人类身体健康无害的建筑材料，例如，低成本木材、土材、竹材、剑麻等天然建材，或者循环再生建材、低环境负荷建材、环境功能性建材等人工材料。

该评价指标的设立，还需因地制宜，在西北民居建设的现状下选择建筑材料。在评价指标的设立中，一方面鼓励积极采用现有的对环境和健康有益的新材料，另一方面适度使用现有地方资源来满足地方需要，减少对外来高耗能材料的选用。例如高强材料（主要包括高强水泥、高强混凝土、高强钢筋、高强钢材等）的推广应用是建筑材料节约的重要技术途径，但是尤其成本较高，在西北民居的建设中需要在满足经济适宜成本的前提下选择。再如，木材属于自然建筑材料，但我国西北地区森林覆盖率尚不足20%，如果在民居中过多采用木材，就会给生态环境造成负面的影响。

该指标可以以"材料性能"、"就地取材"作为标准进行评价。

1）材料性能

关于材料性能的评价包括两部分内容，首先是建材安全性评价，避免建筑材料选择不当对居住者健康安全造成的负面影响，该部分内容在前文"质量安全"部分已经有相关介绍，本小节不再重复涉及。

其次，该评价标准包含的内容是鼓励建材的合理选择，对绿色建材的评价可以单独建立，但是工作量较大，过程复杂。例如依据单一因素及影响因素确定其性能，可以通过评价建筑材料的资源消耗（单位建筑面积所用建筑材料生产过程中消耗的天然资源量）、能源消耗（单位建筑面积所用建筑材料生产过程中消耗的能源量）、环境影响（单位建筑面积所用建筑材料生产过程中碳排放量）。也可以使用国际公认的生命周期（LCA）评价体系，从材料的整个生命周期对自然资源、能源及对环境和人类健康的影响等多方面多因素进行定量的评估。上述评价标准对西北民居而言，计算较复杂，数据可获得性差。

西北民居的建设现状是，受到造价限制，同时缺乏科学的建设指导，有时会使用不合格的建材，甚至出现盲目根据价格判断材料性能优劣的现象。

该评价标准针对西北民居建立，评价对象是民居而不是建材。因此，该项标准并不对建筑材料本身的"绿色性能"进行评价，而是在西北民居建设现状的基础上，鼓励通过控制材料的选择，降低西北民居对自然资源和能源的消耗，降低西北民居建设对环境的污染。

该指标为定性指标，由评价者打分进行评定。各分项评价内容评价结果在 1 ~ 5 分之间，5 个分数等级，其评价总分等于各内容得分值的平均值（表 4-15）。

材料性能评价标准　　　　　　　　　　　表4-15

评价内容	得分要求				
	1	2	3	4	5
1.采用集约化生产的建筑材料、构件和部品，减少现场加工					
2.使用耐久性好的建筑材料，如高强度钢、高性能混凝土、高性能混凝土外加剂等，与高性能、低材耗、耐久性好的新型建筑结构体系					
3.选用可降解的低环境负荷材料或功能材料					
4.禁止使用国家有关部门颁布的《淘汰落后生产能力、工艺和产品目录》中限制或淘汰使用的材料与产品。室内装饰装修材料满足相应产品的国家或行业质量要求					
最终得分（各项得分的平均值）					

2）就地取材

我国幅员辽阔，各地区的建筑材料状况不同，因此针对西北地区乡村民居使用的建筑材料的开发应当因地制宜，其品种也不能盲目追随其他地区做法。

该指标的评价目的是减少建筑材料运输过程中对环境的负面影响，促进本地经济的发展。鼓励使用本地生产的建筑材料，鼓励使用本地集约化生产的建筑材料、构件和部品，减少现场加工。

从外地长途运输建筑材料，会导致民居建筑成本的增加与能源的浪费，也浪费了本地资源，当然，在此前提下从民居建筑设计阶段就应当适应西北地区本土建筑文化和建筑材料的生产、供给状况。例如，西北部分地区的生土建筑，冬暖夏凉，不但节约建筑使用中造成的能源消耗，而且避免工业制造的建筑材料带来的资源负荷。另外，该评价指标还鼓励积极开发和利用西北地区本土建筑材料资源，利用当地的天然矿物材料、可再生材料，例如砌块等墙体构件。

对就地"取"材而言，该项目的评价内容也涉及"材料选择"项目的评价内容，但是，对民居而言，选择当地建材在优先的经济、技术条件下更为现实，因此在西北民居的绿色评价指标体系中，将其从"材料选择"类目中分离出来，单独成为评价项目，作为西北绿色民居建设中对本地材料选择的鼓励。

该指标可以以"Lm值"作为标准进行评价。该评价指标的评价目的是尽量减少材料运输给环境带来的影响，并且促进当地经济的发展，鼓励增加使用本地生产建筑材料和建筑制品的比例（表4-16）。

就地取材（L_m）评价标准 表4-16

得分	得分要求
1	$L_m < 20\%$
2	—
3	$20\% \leqslant L_m < 50\%$
4	—
5	$L_m \geqslant 50\%$

对该指标的评价通过下式计算：

$$L_m = \frac{t_1}{T_m} \times 100\%$$

式中　t_1——施工现场100km范围以内的建筑材料总用量；

　　　T_m——建筑材料总用量。

需要说明的是，通常我国针对城市建筑的评价体系，就地取材标准为"施工现场500km范围以内的建筑材料总用量"，如《中国生态住区技术评估手册》、《绿色奥运建筑评估体系》等。对乡村建筑来说，该标准应适当改变。城市通过商品交换集中周边的资源，而乡村则更应当强调就地取材的重要性，因此此标准调整为100km。

2. 材料节约

建立该评价指标的目的是在保证民居使用功能的前提下，减少材料消耗，节约资源。该指标偏重在建造过程中对材料的节约，例如通过提高施工工艺，提高材料耐久性和建筑寿命也可以实现建筑材料的节约。鼓励控制建筑材料的消耗量，考虑建筑材料消耗量小的建筑形式，例如采用高性能、低材耗、耐久性好的新型建筑结构体系，或者鼓励结构施工与装修工程一次施工到位，不破坏和拆除已有的建筑构件及设施，装修时避免重复装修与材料浪费，也通过鼓励耐久性好的建筑材料，达到节约材料的目的。

该指标可以分解为"消耗量控制"、"节材率"两方面进行评价。

1）消耗量控制

该评价标准鼓励在西北民居建设中，通过考虑建筑材料消耗量小的建筑形式，实现建筑材料的节约。该指标评价内容为在前期设计中、在施工中控制建筑材料的消耗量（表4-17）。

消耗量控制评价标准　　　　　　　　　　　　　表4-17

得分	得分要求
1	未考虑建材消耗量小的结构形式。结构施工与装修工程施工混乱，材料重复浪费
2	未考虑建材消耗量小的结构形式
3	适当考虑采用建材消耗量小的结构形式
4	上述基础上，装修时避免重复装修与材料浪费，采用建材消耗量小的结构形式
5	上述基础上，结构施工与装修工程一次施工到位，采用高性能、低材耗、耐久性好的建筑结构体系

2）节材率

该评价标准评价在西北民居建成后，是否节约实际耗材量。节材率的计算为实际建材消耗量与计算建材消耗量的比值（表4-18）。

节材率评价标准　　　　　　　　　　　　　表4-18

得分	得分要求
1	实际建材消耗量超过计算建材消耗量
2	—
3	实际建材消耗量低于计算建材消耗量3%以内
4	—
5	实际建材消耗量比计算建材消耗量节约超过3%

3. 材料再利用

传统建筑材料主要包括烧制品（砖、瓦类）、砂石、灰（石灰、石膏、土、水泥）、混凝土、木材、竹材等，在拆除旧建筑时，不仅会产生大量的砖块和混凝土废块、木材及金属废料等废弃物，而且无论是新建或是拆毁时都会留下建筑残骸，如果能将其大部分作为建材使用，即建筑废弃物成为建筑副产品，这样既节约建筑材料资源，又减少对建筑室内外环境造成的污染及建筑垃圾的浪费。

该评价指标设立的目的是实现西北民居建设中的建筑垃圾减量化、无害化、资源化和循环利用，鼓励使用可回收利用的旧建筑材料，例如鼓励在拆除旧建筑时，对可再次利用的旧建筑材料进行分类选择，最大限度加以利用，减少建筑材料废弃物对周边环境的不良影响。

例如，引导民居建设中，在保证性能的前提下，优先使用利用工业或生活废弃物生产的建筑材料。引导西北民居建设各环节将建筑施工、旧建筑拆除和场地清理时产生的固体废弃物中可循环利用、可再生利用的建筑材料分离回收和再利用。

建筑材料的再利用能够减少原材料的用量、能源消耗及建筑垃圾的浪费。然而，在结合该项评价指标设立评价标准时，应当结合西北地区乡村现状，并不是所有建筑材料的可循环利用都如预期一般高效。

该指标可以分解为"可再利用材料使用率"、"材料废弃物处理"两方面进行评价。

1）可再利用材料使用率

该评价指标鼓励在新建的西北乡村民居建设中，在保证性能和不污染环境的前提下，优先使用利用工业或生活废弃物生产的建筑材料，使用可回收、可再生和可再利用的建筑材料。但是不能将其作为必备指标，在条件不具备的情况下，没有必要刻意追求在民居建设中使用旧的建筑材料。在该指标评价中还同样鼓励可再次利用的新建材，通过此措施延长建筑材料的使用寿命，实现材料的可重复使用，降低对环境的影响（表4-19）。

可再利用材料使用率（R_u）评价标准　　　　表4-19

得分	得分要求
1	$R_u \leqslant 5\%$
2	—
3	$5\% < R_u \leqslant 10\%$
4	—
5	$R_u > 10\%$

对该指标的评价通过下式计算：

$$R_u = \frac{t_r}{T_m} \times 100\%$$

式中　t_r——可再次利用建筑材料（或者旧建材）用量；

　　　T_m——建筑材料总用量。

2）材料废弃物处理

该指标要求对施工中的废弃物进行分类处理，能够继续加以利用或者折旧进入市场（表4-20）。

材料废弃物处理评价标准　　　　　　表4-20

得分	得分要求
1	缺乏材料废弃物处理方案
2	材料废弃物回收利用不足
3	将建筑施工、场地清理时产生的固体废弃物中可循环利用、可再生利用的建筑材料分离回收和再利用
4	上述基础上，废弃物的收集运输尽量减少运输距离
5	上述基础上，确定回收材料的折价处理方案

4.4.4 水资源

乡村绿色民居建设中的重要目标就是在保证居住舒适的前提下，尽可能地有效利用自然资源，尤其是不可再生的资源，使民居的资源耗费最小。这其中，建筑节水是资源节约不可回避的重要组成部分，也是绿色设计的重点，是绿色建筑的设计目标之一。因此，研究和了解西北乡村水资源利用状况，有助于确定西北乡村民居水资源利用的评价指标。

我国乡村地区水资源利用途径与城市有很大差别。农村与城市相比，范围广，居民点规模小，居住分散，自然条件差，经济、文化落后，技术力量薄弱，以及长期的城乡二元化政策等原因，造成我国城乡供水尚有很大差距。农村供水，以往主要靠群众或村集体自建自管；农村供水设施，普遍规模小、简陋，水源以地下水为主，普遍缺乏备用水源、电源，以及必要的净化、消毒和检测设施，工程技术和规范化水平低，简易供水，不仅自身存在供水可靠性较低的问题而且抵御自然灾害的能力也较弱；管理条件差，由于规模小，技术力量薄弱，专业化管理水平低，企业化运营难度大，大量的小型集中供水工程缺乏水源保护、水质监测、维修保养、应急保障等措施，由于不能按成本收费，运行维护经费不足，同时，农村饮用水源水质监测基本上还是空白，尤其是地下水的监测。

随着农村城镇化建设步伐的加快，西北乡村水资源短缺、水质污染、用水效率低等问题日益突出，严重制约着西北乡村社会的可持续发展。现阶段西北乡村水资源利用率低，生活用水不能保障是水资源利用的突出问题。部分地区农村自来水普及率还很低，大部分地区没有给水排水设施，缺乏必要的净化、消毒、检测等水质保障措施的供水工程。随着农村城镇化进程的加快，水资源短缺和水污染问题日益严重，农村饮用水遭遇了水质严重超标、可用水源减少等问题。与此同时，西北农村水资源浪费严重，一方面，传统的粗放灌溉方式浪费现象惊人，另一方面，由于缺乏必要的排水设施，农村生活污水的随意排放，不但造成了一定范围内的污染，而且水的重复利用率很低。

水资源短缺是当前影响我国可持续发展的主要因素之一，我国目前的用水总量中，农业和农村用水占 70%[①]，与此同时，建筑用水更占到我国社会总耗水量的相当大一部分。在水资源短缺的西北地区，民居建设的每一个环节中，选择水资源节约型的发展模式，把握乡村民居用水的每一个环节，对建筑节水与水资源利用具有重要的现实意义。

由此，西北乡村绿色民居"水资源利用"的评价指标应当针对西北乡村现状确定，同时为未来发展方向预留发展平台。针对城市编制的"绿色"、"生态"评价标准中的某些标准条目，编制十分详细，并不适用于西北乡村的现状，例如对中水的利用、集中空调冷却塔排水、冷凝水收集措施的鼓励，对景观绿化浇灌用水的节约措施等，同时在评价标准编制中，定出详细的定量指标也难以实现，例如水量平衡、回用率指标等。与城市住宅不同的是，西北乡村水资源利用首先应当解决的问题是生活用水的质量保障，在本评价体系中，将其归入。

西北绿色民居建筑水资源评价的目的是保证饮水健康安全，提高水循环利用率和用水效率，实现水资源可持续发展和利用，改善生态环境，其指标包括以下内容：

1. 水资源利用

该指标鼓励在水资源使用过程中的"开源"措施。例如有效利用各种水资源，根据民居类型、气候条件、用水习惯等制定水系统规划方案，统筹考虑传统与非传统水源的利用，降低用水定额，例如设置完善的供水系统，水质达到国家的标准，且水压稳定、可靠。

在乡村建设中，美好居住愿望的诉求往往直接表现为对住房规模、房间数量的追求，而基础设施往往被忽略，或者说现阶段，基础设施的建设速度未能跟上乡村民居自发的建设速度。同时，乡村居住点多、面广，进行统一规划成本高，解决短期饮水困难容易，保障饮水质量难。乡村饮水工程建设往往设备简陋，饮水安全监测工作不足，并缺乏相应的社区管理。

同时，该评价指标鼓励合理利用雨水资源等非传统水源。西北多数地区，由于降雨量时空分配不均，降雨的利用率仅为降雨量的 30% ~ 40%，60% ~ 70% 的降

① 中国城市科学研究会.绿色建筑[M].北京：中国建筑工业出版社，2008：105。

雨以地表径流和无效蒸发的方式损失[①]。同时西北多数乡村地区人口稀少，人均土地面积较大，且多为丘陵坡地，坡度大于7°的坡地占土地面积的55%，这就给建造雨水集流场和实现雨水资源化提供了有利条件。雨水利用是一项古老技术，我国西北山区人民早就有打窖蓄水供家庭用水之需的传统，但限于过去的经济和技术条件，传统雨水利用收集雨水的效率很低。该评价指标鼓励在技术经济合理的条件下，制定雨水收集与利用方案，同时鼓励适应西北乡村经济技术条件的生态技术，如水窖等。

该指标可以分解为"饮水安全"、"用水规划"、"非传统水源利用"、"雨水利用"、"再生水利用"五方面进行评价。

1）饮水安全

我国西北乡村地区水资源利用途径与城市有很大差别，一些地区存在水源性缺水问题与水质性缺水问题，同时给水设施工程技术和规范化水平低。

该指标要求西北村庄给水设施充分利用当地现有条件，完善设施，保障饮水安全（表4-21）。

该评价标准内容参考《农村饮用水安全卫生评价指标体系》。

饮水安全评价标准   表4-21

得分	得分要求
1	—
2	—
3	生活饮用水必须经过消毒，生活饮用水水量不低于20~40L/（人·d），供水保证率不低于90%（三项必须同时满足）
4	上述基础上，水质符合现行国家标准《生活饮用水卫生标准》（GB 5749—2006）的规定，生活饮用水水量不低于40~60L/（人·d），供水保证率不低于95%（三项必须同时满足）
5	上述基础上，制定水质检验制度，并接受当地卫生部门的监督

2）用水规划

对于西北民居而言，水资源的利用除涉及室内的生活用水、给水排水系统以外，还要与室外的雨污水排放、再生水利用有关，因此该指标强调制定用水系统规划，并结合西北地区当地的气候条件、经济状况、用水习惯，综合考虑节水措施。

城市中的生活用水水源较单一，几乎都来源于市政用水，因此针对城市住宅的

[①] 张恒嘉.我国雨水资源化概况及其利用分区[J].灌溉排水学报，2008，27（5）：125。

评价体系往往不涉及本条目。相比之下，西北的许多乡村没有市政用水，水源多为村庄自建自管，因此该评价内容的设立，有助于在规划设计阶段制定节水计划。

该评价指标为定性指标，由评价者打分进行评定。各分项评价内容评价结果在1~5分之间，5个分数等级，其评价总分等于各内容得分值的平均值（表4-22）。

用水规划评价标准　　　　　　　　　　　　　　　　　　　表4-22

评价内容	得分要求				
	1	2	3	4	5
1.给水方式应根据当地水源条件、能源条件、经济条件、技术水平及规划要求等因素进行方案综合比较后确定					
2.制定节水方案，合理规划用水目标水量，以及适合西北乡村的雨水、再生水收集与利用方案					
3.制定水量平衡方案，各用水目标水量设计合理					
4.通过经济技术比较，因地制宜采用管理便捷、经济合理的用水方案，降低运行费用，提高效率					
最终得分（各项得分的平均值）					

3）非传统水源利用

"非传统水源"指的是不同于传统地表水供水和地下水供水的水源，包括再生水、雨水、雪水、海水等。对西北地区而言，没有海水资源可供利用，淡化海水的使用极其不现实，因此该指标评价的内容包括再生水以及雨水等非传统水源。通过再生水的有效利用，提高水循环利用率和用水效率（表4-23）。

需要说明的是，虽然雨水也属于非传统水源，但是该标准的评价内容与"雨水利用"并不重叠，因为两指标相互间不存在因果关系。

非传统水源利用评价标准　　　　　　　　　　　　　　　　表4-23

得分	得分要求
1	缺乏用水系统规划方案
2	在方案、规划阶段，缺乏考虑传统与非传统水源的利用
3	在方案、规划阶段制定用水系统规划方案，统筹考虑传统与非传统水源的利用
4	使用非传统水源时，采取用水安全保障措施，不对人体健康与周围环境产生不良影响，且非传统水源的利用率≥10%
5	使用非传统水源时，采取用水安全保障措施，不对人体健康与周围环境产生不良影响，且非传统水源的利用率≥30%

4）雨水利用

现阶段我国的生态建筑与绿色建筑评价中，关于雨水资源的利用，其评价内容包括"收集屋面雨水，使其进入景观水体"（《中国生态住区技术评估手册》），"收集屋面雨水，使之进入绿地，补给地下水"（《中国生态住区技术评估手册》），不适合西北乡村的现状。

根据供水目的，西北乡村民居雨水利用多为解决生活用水和庭院经济用水的雨水集蓄利用（如水窖），在西北黄土高原沟壑区，多年平均降雨量偏低，地表水资源缺乏，地下水资源蕴藏量少，土壤渗透性强，易受干旱威胁，多年来当地群众就有修窖集雨解决农村饮水困难的传统。但是，也并非所有西北地区的民居都适宜雨水收集。

除了城乡差异之外，西北地区也存在区域内的气候差异，雨水收集要求足够的瞬时降雨量与年降雨量，以及通过雨水收集节约的用水成本与设备投资成本的平衡，但在乡村地区各户都有条件对自家庭院以及屋面进行管理和维护，也为雨水收集创造了更为适宜的条件。

该指标鼓励在西北地区通过技术经济比较，合理确定雨水处理及利用方案。如果通过合理技术经济比较与当地气候条件分析，没有条件设置雨水收集方案，也可视为及格。

该评价指标为定性指标，由评价者打分进行评定。各分项评价内容评价结果在1～5分之间，5个分数等级，其评价总分等于各内容得分值的平均值（表4-24）。

雨水利用评价标准　　　　　　　　　　　　　表4-24

评价内容	得分要求				
	1	2	3	4	5
1.雨水经收集、处理后应达到利用目标规定的水质指标					
2.雨水收集方案，结合当地气候条件和基地地形、地貌确定，集水面避开污染源					
3.雨水集水、处理、存储、回用等设施完善					
4.合理规划地表径流和屋顶的收集措施					
最终得分（各项得分的平均值）					

注：如果通过合理技术经济比较与当地气候条件分析，没有条件设置雨水收集方案，也可视为及格。

5）再生水利用

对西北民居而言，再生水利用的要求是结合乡村民居的具体条件，选择适宜再生利用的水源。该评价指标的关键因素是乡村民居再生水利用的经济成本、水质、利用对象和使用安全。民居中再生水使用的目的相对城市而言，较为简单，因此针对不同的用水目标，选取再生水使用方案是可以实现的。

该评价指标为定性指标，由评价者打分进行评定。各分项评价内容评价结果在 1 ～ 5 分之间，5 个分数等级，其评价总分等于各内容得分值的平均值（表 4-25）。

再生水利用评价标准 表4-25

评价内容	得分要求				
	1	2	3	4	5
1.根据回用目标确定再生水的水质标准					
2.因地制宜，合理选择再生水水源和处理技术					
3.尽量避免再生水入户，如再生水入户使用，需保证再生水对人体健康不构成潜在危害					
4.在道路与庭院洒扫、洗车、消防中使用再生水					
最终得分（各项得分的平均值）					

2. 节约用水

该指标鼓励在水资源使用过程中的"节流"措施。由于水资源的相对匮乏，出于传统生活习惯，西北乡村住户，生活用水方式都很节俭，同时西北乡村难以实现通过高成本的技术措施节水，因此该评价指标的目的是在建设、施工、使用中尽量减少对水资源的消耗。鼓励节水器具的使用，管材、管道附件及设备等供水设施的选取和运行不应对供水造成二次污染，并应设置用水计量仪表和采取有效措施防止和检测管道渗漏。

该指标可以分解为"节水率"、"节水器材"、"节水管理"三方面进行评价。

1）节水率

该评价指标鼓励通过节水设备与器具的使用，通过雨水与再生水利用，在西北绿色民居中尽量减少自来水供应量，节约水资源（表 4-26）。

节水率是表达节约自来水资源的量化指标，其计算公式为：

$$节水率 = \frac{总用水量定额值 - 自来水用量设计值}{总用水量定额值} \times 100\%$$

式中　总用水量定额值——根据定额标准估算的单户民居用水总量。

自来水用量设计值——考虑节水方案后，单户民居实际自来水用量总和（在验收阶段为自来水用量表值）。

节水率评价标准 表4-26

得分	得分要求
1	节水率小于8%
2	节水率实际表值达到8%～15%
3	节水率实际表值达到15%～20%
4	使用节水型用水器具、设备，回用雨水与再生水，节水率达到20%～50%
5	根据用水规划实施节水方案，使用节水型用水器具、设备，回用雨水与再生水，节水率实际表值达到20%～50%

其评价标准参照现行《中国生态住区技术评估手册》、《绿色建筑评价标准》中的相关标准。

2）节水器材

该评价指标贯彻我国的相关法规，在满足用水水质要求的前提下，执行节水措施，通过使用节水器具和设施，使节约用水的目标切实可行。

该评价指标为定性指标，由评价者打分进行评定。各分项评价内容评价结果在1～5分之间，5个分数等级，其评价总分等于各内容得分值的平均值（表4-27）。

节水器材评价标准 表4-27

评价内容	得分要求				
	1	2	3	4	5
1.采用节水型家用电器					
2.选用节能、可靠的节水设备与器材，符合《节水型生活用水器具规定》（CJ 164—2002）规定					
3.每户管线均安装水表					
最终得分（各项得分的平均值）					

3）节水管理

西北乡村绿色建筑投入使用过程中的运行管理、监测调试会影响到建筑效果的可持续性。同样，水资源利用中的节水管理会影响节水效果和设施的可靠性。

该评价指标鼓励在西北民居竣工投入使用的过程中，建立管理制度，保证西北绿色民居水资源利用的长期效应。

该评价指标为定性指标，由评价者打分进行评定。各分项评价内容评价结果在1～5分之间，5个分数等级，其评价总分等于各内容得分值的平均值（表4-28）。

节水管理评价标准					表4-28
评价内容	得分要求				
	1	2	3	4	5
1.制定管理制度、运行计划和操作规程					
2.定期检查雨水收集设施、再生水回用设施，避免不良气味与细菌滋生					
3.定期检测阀门、管道，采取有效措施避免管网漏损					
最终得分（各项得分的平均值）					

3. 排水

我国农村绝大多数村庄没有污水、雨水的收集排放和处理设施，对农村人居环境造成极大危害。在村庄采用符合当地实际的做法解决村庄生活污水、雨水的排放和处理，可以有效地改善乡村的居住环境。

西北乡村地区的现状是大部分乡村缺乏生活污水排放与处理设施不配套，生活用水往往直接泼洒在地面，或是通过门前屋后的水沟、水渠排走生活污水，就近排入河道或通过下水道后入河。西北乡村污水分散，集中管网难以通达，即使能够随主要道路延伸，接管费用和长途污水泵站花费都非常高，单位污水处理成本昂贵。

同时，由于农村与城市经济条件和生活方式存在较大的差异，西北乡村生活污水的排水质量、排水特征与城市相比也存在较大的差异。

首先，西北乡村生活排水污水浓度低，变化大，生活污水的性质相差不大，水中基本上不含有重金属和有毒有害物质（但随着一些地区乡村生活水平的提高，部分生活污水水中可能含有重金属和有毒有害物质），含一定量的氮、磷，水质波动大，可生化性强。

其次，农村生活排水的显著特征是间歇排放，排量少且分散，但瞬时变化较大。一方面，我国乡镇农村的生活污水处理能力低，设施不配套或不完善，污水处理设施的建造与运行远远滞后于新增加的污染量；另一方面，由于各地的经济状况、环保意识等原因，更多的农村生活污水没有经过处理直接排入地下和江河湖泊，对农村水源和周围环境造成了严重污染。

针对这现状，西北民居的绿色评价应当因地制宜建立标准，现阶段我国城市住宅（区）关于污水排放与处理的评价内容主要集中在尽量减少进入市政系统的排放量，这一评价内容不适应于西北乡村的现状。

该评价标准建立在西北乡村现状基础上，鼓励经济有效、切实可行的排水与污水处理的生态措施，例如氧化塘、人工湿地技术、地下渗滤等。

该指标可以分解为"排水系统"、"排水收集"、"污水处理"三方面进行评价。

1）排水系统

乡村污水分散，现阶段我国西北乡村集中管网难以村村通达，多数村庄缺乏排水渠道和污水处理系统。

该指标鼓励在西北乡村绿色建筑建设中采用符合当地实际的做法解决村庄生活污水、雨水的排放（表4-29）。

排水系统评价标准   表4-29

得分	得分要求
1	缺乏排水收集系统，污废水任意排放
2	排水收集系统欠完善
3	根据自身条件，建设和完善排水收集系统，采用雨污分流或雨污合流方式排水
4	上述基础上，有条件的村庄，将污水纳入到城镇污水处理厂集中处理，位于城镇污水处理厂服务范围外的村庄，联村或单村建设污水处理站
5	上述基础上，生活污水输送至污水处理站，处理达标后，就近排入村庄水系或用于农田灌溉等；没有污水处理设施时，生活污水经化粪池、沼气池等进行卫生处理后可直接利用

2）排水收集

该评价指标针对我国西北乡村雨污排放沟渠多数与市政设施没有连接，多由村庄自发修葺，往往雨污不分流，雨水沟、泄洪沟、雨污混流的排水沟功能不明确，对环境负面影响大的现状，鼓励雨污分流，统一排放，即使条件不具备采用雨污合流时，也应逐步实现分流。

该评价指标为定性指标，由评价者打分进行评定。各分项评价内容评价结果在1～5分之间，5个分数等级，其评价总分等于各内容得分值的平均值（表4-30）。

排水收集评价标准   表4-30

评价内容	得分要求				
	1	2	3	4	5
1.雨污分流时的雨水排入村庄水系，雨污分流时的污水、雨污合流时的合流污水输送至污水处理站，或排入村庄水系的低质水体					
2.雨水有序排放，污水有序暗流排放					
3.排水收集系统因地制宜，沟渠利用地形，及时就近排出					
4.排水收集系统定期清理维护，无淤积堵塞					
最终得分（各项得分的平均值）					

3）污水处理

该评价指标针对我国西北乡村缺乏将污水直接排入市政管网条件，生活污水处理能力低的现状，鼓励建设一次投资有限、占地面积小的小型村庄污水处理设施。

该评价指标为定性指标，由评价者打分进行评定。各分项评价内容评价结果在1～5分之间，5个分数等级，其评价总分等于各内容得分值的平均值（表4-31）。

污水处理评价标准

表4-31

评价内容	得分要求				
	1	2	3	4	5
1.污水处理因地制宜选择经济适用的生化处理技术，或者经验成熟的处理技术（如人工湿地、生物滤池或稳定塘等）					
2.村庄污水处理站选址在夏季主导风向下方、村庄水系下游，靠近受纳水体或农田灌溉区					
3.污水处理站出水符合国家标准《城镇污水处理厂污染物排放标准》（GB 18918—2002）有关规定					
最终得分（各项得分的平均值）					

4.4.5 土地资源

西北地区土地资源的状况是，土地总量多，但可耕种用地占总土地面积偏少，该区域难以利用的土地占其国土面积的比例达到了60.09%，相反，耕地面积占国土面积的比例仅为4.24%[①]。与此同时，由于农村进城务工人口大量增加，目前还有大量宅基地被浪费闲置。

由于近年来基本建设对耕种土地的占用，耕种土地资源每年都在减少。与此同时，村庄规模小、数量多，农村宅基地占用耕地数量过大，土地利用效率低等现象十分普遍。

西北地区民居建设往往处于无规则、自发的状态，缺乏科学规划和有效管理，导致土地资源利用随意，配置不合理，产出低效。其自建住房大多沿袭几千年来的自拆自建，民居建设选址随意，布局混乱，杂乱无章，占地面积大，容积率低，农宅之间和四周零星土地闲置严重。"有新房没新街，有新屋没新村"的现象普遍存在。新建住宅大部分都集中在村庄外围，村落虽然不断扩大，而村庄内却存在大量的空闲宅基地和闲置土地，与此同时耕地面积也随之减少。

这种粗放式的发展给西北农村建设带来较大的负面影响。不仅造成土地资源的

---

① 于法稳.西北地区生态贫困问题研究[J].当代生态农业，2005（2）：27-30。

大量浪费，加剧农村人地矛盾，而且破坏了西北农村整体布局，抑制了未来村镇的发展空间，使道路管网、排水系统等基础设施难以按规划实施，增加了村庄进行水、电、路、通信、公用设施等统一建设的难度，延缓了农村经济的进一步发展。

究其原因，除了现行的土地资源配置机制，以及当地农民的传统观念根深蒂固等问题之外，村镇建设缺乏科学合理的规划，也是导致农村居住用地往往不能合理、有效地利用的重要原因，而政策问题、乡村传统观念不是本书的研究内容。

我国现行的有关村镇规划的法规（如《村镇规划编制办法（试行）》）过多地参照了城市规划的编制办法，对村镇类型的多样性和差异性缺乏研究，也没有考虑农村经济、产业发展和生产生活方式发展变化的需要，实际上难以适应我国村镇发展的情况。

城市土地利用控制通常通过控制城市建设用地指标、建筑密度、容积率等来实现，同时鼓励立体空间利用、地下空间利用等，不适用于西北地区乡村民居建设情况。在西北绿色民居建设中，对于土地资源的利用要优化用地结构，提高土地利用的集约度。

其指标包括以下内容：

1. 建设选址

民居的选址与村落的形成，由自然环境、生产劳作方式决定。在特定自然环境下，自发形成的村庄选址一定与该村庄的生产方式密不可分。例如游牧民族选择逐草而居，或者说只有在适合畜牧的草原上，才会产生这样的居住方式；而脱离完全农业生产后，从事小手工业的农村家庭，就会自发选择交通便利的地方，或者说在交通通达，接近城市的地方，农民生产方式更易转变。

由此可见，改进上文提到的乡村民居自发建设中出现的种种问题，还与乡村农副业生产、土地调整等各方面密切相关，甚至包括户籍、规划调整、土地性质等问题，而这些非本专业研究内容。因此，该指标涉及内容仅为建设选址，上述其他内容则不在研究范围内。

在乡村经济模式变革，并深受城市化影响的社会背景下，民居建设量的增加是不可避免的。但是，民居建设自发选址往往对潜在的灾害预计不足，而且导致布局杂乱、土地浪费、环境污染。

该标准在此基础上，鼓励民居建设选址趋利避害，同时保护农田，保护自然资源，减少对环境的破坏。

但是，在该指标中不包含在村庄、民居选址阶段，考虑对地震、泥石流、滑坡等自然灾害的应对措施，该部分内容包含在"建筑防灾"指标中。

该指标可以分解为"选址安全便利"、"场地生态环境影响"两方面进行评价。

1）选址安全便利

该指标强调在西北民居建设选址中"趋利避害"，避免选址选择不适合建设的场地，保证居住环境的安全与卫生健康，生活便利舒适。

在前文"质量安全"部分中，已有关于"建筑防灾"的内容，而"建筑选址"中也有关于防范灾害的内容，两项指标的区别在于："建筑防灾"评价面对避免突如其来的灾害，如火灾、地震、泥石流等，如何保证生命财产的安全；"选址安全"的评价内容则更强调在建设之前，通过正确合理的选址，远离污染与灾害，保证西北民居卫生健康的居住生活环境。

该评价指标为定性指标，由评价者打分进行评定。各分项评价内容评价结果在1～5分之间，5个分数等级，其评价总分等于各内容得分值的平均值（表4-32）。

选址安全便利评价标准   表4-32

评价内容	得分要求				
	1	2	3	4	5
1.选址不占用耕地、林地					
2.选址避开地质与水文状况的负面影响，避开水源保护区					
3.选址避开污染源的下风或者下游方向，建设用地安全范围内无电磁辐射危害和火、爆、有毒物质等危险源及含氡土壤的威胁					
4.选址保证物理环境健康，如户外空气质量、声环境与光环境等					
5.选址尽量接近生活服务设施与市政设施，便利生活与交通					
最终得分（各项得分的平均值）					

2）场地生态环境影响

西北民居的建设应当强调保护自然资源，避免破坏自然生态环境。

该指标要求场地及周边生态环境质量得到保护，不因建设而降低。通过该指标的设立还可以保证西北民居的选址和建设，不会占用和破坏湿地、自然保护区、濒危动物栖息地等。

该指标为定性指标，由评价者打分进行评定。各分项评价内容评价结果在1～5分之间，5个分数等级，其评价总分等于各内容得分值的平均值（表4-33）。

场地生态环境影响评价标准　　　　　　　表4-33

评价内容	得分要求				
	1	2	3	4	5
1.场地及周边生态环境得到保护，质量不因建设而降低					
2.原有地形地貌以及水体水系、地下水位，不因建设而受到破坏					
3.场地及周边生物多样性以及生存环境得到保护，不因建设而降低					
最终得分（各项得分的平均值）					

2. 设计与规划

在民居建设中节约土地资源，需要在设计阶段进行控制，以保证土地使用的合理性、安全性，建设的经济性和环境的整体性，由此基于上述西北乡村地区土地使用的现状，设立该指标。

随着当前城乡一体化进程的快速发展，社会经济结构的变革对西北乡村建设产生了巨大的影响。经济增长与农民收入的增加，必然会带来巨大乡村民居建设量，这一现象来得如此迅速，致使现阶段乡村建设的速度远远超过民居建设理论的发展。在缺乏指导的自发建房过程中，开始富裕起来的住户首先追求的是建筑规模与形式，导致西北乡村民居建设规模失控，土地利用率低，环境破坏严重。

该评价指标鼓励在建设用地内，结合周边自然地理环境与未来经济发展，进行科学的场地设计，合理安排建筑物与构筑物的布局，提高土地利用率，并妥善处理人为建设与自然环境的关系，尽可能避免因为场地建设对原有生态环境带来的负面影响。

该指标可以分解为"总平面布局"、"竖向设计"、"场地绿化"三方面进行评价。

1) 总平面布局

现阶段，西北乡村建房的土地来源多为无偿划拨给乡村居民使用的宅基地，该制度在一定程度上导致了部分"为了占地而建房"的土地浪费现象，而且建设盲目，各自"圈地"，缺乏对土地利用的统筹安排，而且导致村庄面貌杂乱无序。

该指标要求在西北民居建设中，通过建筑与道路的合理组织和安排，保证总平面有合理的功能关系、良好的日照通风以及方便的交通联系，并本着以适应为主，适当改造的原则，充分利用建设基地的地形，因地制宜合理有效地利用土地。同时，保证民居建筑的内部功能与外部环境条件彼此协调，有机结合。

该评价指标为定性指标，由评价者打分进行评定。各分项评价内容评价结果在1 ~ 5分之间，5个分数等级，其评价总分等于各内容得分值的平均值（表4-34）。

总平面布局评价标准 表4-34

评价内容	得分要求				
	1	2	3	4	5
1.建筑总平面与布局结合用地地形，因地制宜、合理有效利用基地，减少土地浪费					
2.根据宅基地条件，合理分配房间，保证内部功能与外部环境协调，建筑面积比例适当，体型集中、紧凑					
3.合理有效利用基地自然条件，并通过建筑布局创造良好的场地小气候，保证满足日照标准、采光和通风的要求					
4.场地内出入口设置与道路交通组织合理方便					
最终得分（各项得分的平均值）					

2）竖向设计

竖向设计是场地设计的重要内容之一，基本任务包括确定室内外地坪标高，组织地面排水，安排计算土石方工程等，其工作不但决定了外部空间组成，还关系到场地的安全稳定。

西北乡村地区民居多为各户自发组织建设，因此一些村庄本身就缺乏合理的竖向设计，各住户在建房时，往往仅通过加高院落地坪标高保证自家院落内的方便，不考虑与基地周边环境、道路的关系，不但导致村庄雨水、污水横流，而且浪费土地，经济性差。

该标准要求乡村民居的建设，尽量顺应自然地形，同时减少土方工程量。该评价指标为定性指标，由评价者打分进行评定。各分项评价内容评价结果在 1 ~ 5 分之间，5 个分数等级，其评价总分等于各内容得分值的平均值（表4-35）。

竖向设计评价标准 表4-35

评价内容	得分要求				
	1	2	3	4	5
1.充分利用自然地形，尽可能维持原有场地的地形地貌					
2.减少场地平整所带来的工程量，减少土方量，尽量就地平衡					
3.统筹考虑室内外标高与周边道路、庭院的关系，保证地面排水通畅					
最终得分（各项得分的平均值）					

3）场地绿化

乡村居民在生活中，多数有自己进行庭院绿化和种植的习惯，甚至种植蔬菜瓜果在庭院中，例如庭院中的葡萄藤蔓等。绿化建筑场地设计中能够对场地功能空间起到平衡、丰富、完善的作用，对场地的生态环境也起到良好的影响。

该指标要求一定的绿化率，并希望通过该指标的设立，鼓励西北民居通过绿化调节生态环境（表4-36）。但是，并非在西北所有地区都适宜大面积庭院绿化，有些地方干旱寒冷，不适宜绿化生长，而刻意种植则绿化成本较高。因此场地绿化的评价标准较低。

场地绿化评价标准　表4-36

得分	得分要求
1	绿地率＜10%
2	—
3	绿化率15%
4	上述基础上，选择耐候性强、病虫害少、少维护的植物
5	上述基础上，统筹安排庭院绿化（垂直绿化）与建筑布局、竖向设计，能够起到绿化调节场地小气候、吸尘降噪的作用

4.4.6　生活废弃物

在"材料资源"、"水资源"、"能源"等指标中已经包含并鼓励，通过控制居住环境健康、选材、用能、污废水排放、选址减少对环境的负面影响，但是上述指标强调的是通过建筑设计、能源利用、资源利用本身减少环境影响，并未强调控制负面影响与排放的总量。

"废弃物"这一指标，在我国多数评价体系中，如《绿色建筑评价标准》、《中国生态住区技术评估体系》等，并无重点涉及、单独设立，只是在"资源再利用"、"住区运营管理"等评价内容中包含，主要强调垃圾的分类清运。这是因为对有完备的排水处理系统、垃圾处理系统的城市住宅来说，这部分废弃物带来的环境负荷可以交由市政设施处理，与住宅、住区自身关系不大。

相比之下，长久以来，西北乡村经济落后于城市经济，其生产方式、生活方式也与城市大相径庭，对于生活废弃物只能由居住环境自身化解处理。传统处理生活废物与垃圾的方式是进行沤肥，并没有产生多大的环境问题。然而，随着农村居民生活水平的逐渐提高，农村难以降解的固体废弃物的数量也开始迅速增长，以下现象十分普遍：

（1）垃圾堆放无定点，脏乱差现象严重。垃圾废水、作物枝干和畜牧养殖残留物随处可见，脏乱差现象普遍，蚊蝇滋生，容易造成各种疾病传染。对垃圾的处理也仅仅是填埋或者焚烧。

（2）粪便污水缺乏处理，一方面，粪便作为肥料越来越不受农民的重视，农户大多数情况下更愿意购买干净卫生、使用方便的化肥，因此造成大量粪便被遗弃，最终流入水体；另一方面，冲水厕所在农村出现，但由于下水道系统的严重缺乏，导致生活污水直接排放到溪湖河流中，后果极其严重。

该评价指标的设立，其目的是基于西北乡村现状，降低环境负荷，减少对环境的负面影响，控制对环境的污染与不良排放，减少废弃物和环境有害物排放。对绿色民居而言，该指标强调民居与自然环境之间的和谐关系，减少有害气体、二氧化碳、固体垃圾等污染物对环境的破坏。

针对上述问题，西北乡村民居环境影响要素的绿色评价指标包含以下内容：

1. 垃圾

现阶段，西北多数乡村地区，生活垃圾缺乏合理回收和利用。生活垃圾四处堆放的情况随处可见，畜禽养殖产生的垃圾也未经处理，往往堆积在地势低洼处，在降雨的冲刷下，大量渗滤液排入地下，即使处理，也是简单地焚烧或者填埋。

该指标要求村庄中的生活垃圾及时收集、清运，鼓励因地制宜，就地分类回收利用生活垃圾，减少集中处理垃圾量。同时在绿色乡村民居使用中，制定生活垃圾管理制度，对垃圾物流进行有效控制，避免垃圾无序倾倒和二次污染。

该指标可以分解为"垃圾收集与运输"、"垃圾处理"两方面进行评价。

1）垃圾收集与运输

该指标针对西北乡村普遍缺乏垃圾收集设施，垃圾随意弃置的现状，提出对垃圾处理的要求，该评价指标要求西北乡村民居村庄垃圾及时收集、清运，保持村庄整洁。同时，乡村垃圾分类收集是实现垃圾资源化的最有效途径。通过西北乡村垃圾的分类收集，不仅可直接回收大量废旧原料，实现垃圾减量化，而且可减少乡村垃圾运输费用，简化垃圾处理工艺，降低垃圾处理成本（表4-37）。

垃圾收集与运输评价标准　　　　　　　　　　　　　　　　　　表4-37

得分	得分要求
1	垃圾随意倾倒，没有进行集中收集
2	没有对垃圾进行分类
3	对垃圾分类处理，分类收集达到60%以上
4	垃圾收集设施与运输工具配套，能够集中收集处理，并进行分类收集。对垃圾分类处理，分类收集达到70%以上。垃圾收集点有卫生措施
5	垃圾收集设施与运输工具配套，能够及时集中收集处理，并对垃圾分可回收垃圾、厨余垃圾、有害垃圾进行分类收集，分类收集达到80%以上。垃圾收集点有规范的卫生保护措施，不污染环境，不散发臭味

2) 垃圾处理

农村垃圾处理的方式主要有填埋、焚烧、高温堆肥和直接再利用，生产性垃圾的类型决定着垃圾处理的方式。工业垃圾和其他类型垃圾往往以填埋方式或者焚烧处理，对环境负面影响大，养殖业垃圾主要以直接再利用和高温堆肥方式进行处理，秸秆杂草垃圾有时会以直接再利用方式处理，有时会被填埋或者直接废弃。农村生产性垃圾能够采取的有效处理方式为直接再利用和高温堆肥。

该指标针对西北乡村现状，鼓励村庄生活垃圾的就地回收利用，一方面，对垃圾中的有用部分进行回收后的二次利用，另一方面，避免垃圾无序处理对村庄环境的污染与破坏。

该评价指标为定性指标，由评价者打分进行评定。各分项评价内容评价结果在1～5分之间，5个分数等级，其评价总分等于各内容得分值的平均值（表4-38）。

垃圾处理评价标准　　　　　　　　　　　　　　　　　　　表4-38

评价内容	得分要求				
	1	2	3	4	5
1.可生物降解的有机垃圾单独收集后就地处理，结合粪便、污泥及秸秆等农业废弃物进行资源化处理（如家庭堆肥处理、村庄堆肥处理和利用农村沼气工程厌氧消化处理）					
2. 砖、瓦、石块、渣土等无机垃圾能够作为建筑材料进行回收利用，未能回收利用的砖、瓦、石块、渣土等无机垃圾可在土地整理时回填使用					
3.垃圾填埋场选址对环境无负面影响					
最终得分（各项得分的平均值）					

2. 粪便

西北农村粪便污水处理不能简单走城市化的道路，必须适应分散就近处理的原则。加上农村资金、技术条件落后，大多数农村厕所卫生状况仍然很差，卫生厕所普及率和粪便无害化处理率也相当低。

该评价指标鼓励清洁用能的同时，鼓励切实可行，易于推广，技术门槛低的技术措施，例如把沼气池与改圈、改厨、改厕同步进行，将各种粪便和污水厌氧发酵，可杀灭寄生虫和病菌，基本达到无害化标准，有效改善农村环境卫生状况。

该指标可分解为"粪便无害化"、"卫生厕所"、"厕所使用管理"三方面进行评价。针对的室内空气污染的评价，其内容包含在"居住质量"指标中。

1）粪便无害化

该评价指标要求实现粪便无害化处理，预防疾病，保障村民身体健康，防止粪便污染环境，避免西北农村地区人的粪便污染，防止致病微生物污染环境，预防与粪便相关的人畜共患病、肠道传染病（表4-39）。

但是厕所无害化效果评价工作专业性强，必须由相关主管部门进行检测和评价。其评价参照现行国家标准《粪便无害化卫生要求》（GB 7959—2012）的规定。

粪便无害化评价标准 表4-39

得分	得分要求
1	—
2	—
3	粪便处理必须符合相应规范标准要求及疾病防控的要求
4	人、畜粪便在无害化处理后能够合理进行农业应用，相应减少化肥用量
5	人、畜粪便在无害化处理后能够充分、合理进行农业应用，并促进农作物生长，改善水体富营养化造成的面源环境污染，实现粪污资源化，保持生态系统的良性循环

2）卫生厕所

该指标要求西北乡村民居卫生厕所建造、使用、管理具有可持续性，根据当地自然条件、生活习惯、生产方式、给水排水设施和经济发展状况等，选择厕所模式及建造材料（表4-40）。

卫生厕所评价标准 表4-40

得分	得分要求
1	户厕不满足卫生厕所条件，并有卫生安全隐患
2	户厕不满足卫生厕所条件
3	因地制宜地，选择卫生厕所的模式，并符合《中国农村卫生厕所技术指南》技术措施
4	上述基础上，户厕与西北民居建设统一规划，协调进行
5	上述基础上，户厕结构满足建造技术要求，便器与厕所其他设备符合安全性与功能性的技术要求，坚固耐用、经济方便

3）厕所使用管理

该指标要求对村庄中的厕所进行有效管理。

该评价指标为定性指标，由评价者打分进行评定。各分项评价内容评价结果在1 ～ 5分之间，5个分数等级，其评价总分等于各内容得分值的平均值（表4-41）。

厕所使用管理评价标准					表4-41
评价内容	得分要求				
	1	2	3	4	5
1.根据不同厕所模式，选择相应卫生管理模式					
2.污物随时清扫，塑料与不可降解物、有毒有害物不投入厕坑					
3.避免粪便裸露，控制蚊蝇滋生，减少厕所臭味					
最终得分（各项得分的平均值）					

4.4.7　社会效应

西北地区绿色民居建设应当是在当代背景下具有时代内涵与风貌的农村民居建设，包括新的技术环境和良好的自然环境等。随着社会经济的发展，旧有西北民居的某些传统做法，已经难以适应使用者的需要。

西北绿色民居建筑社会效应要素的评价应考虑为居住者提供健康、舒适的居住环境，并且充分考虑西北民居使用者需求，其绿色效应能够调动当地群众热情，使其成为西北绿色民居建设的主体，指标包括以下内容：

1. 地域文化

近年来西北农村建设的现状是，许多地方追求农村生活质量的提升与改进，但是将此误解为形式上的农村城市化，建筑风貌与城市趋同。许多新建的西北民居，对城市建筑进行盲目模仿，不但建筑形式不协调，而且建筑功能也难以适用农村的生活习惯。尤其是随着一些地方撤乡并镇、移民并村的过程中，以村为单位，新建了许多民居，新建成的民居过于整齐划一，单体与单体雷同，村与村相似，毫无个性。

该评价指标鼓励设计尊重当地生态、历史、文化和民俗传承，同时尊重地方文化与传统文化习俗，继承和发展地方传统文化。努力挖掘出沉淀在传统村落中的为村民所长期喜好的空间元素，并将其延续在新的居住环境当中。

评价指标要求建筑形象与景观应保持西北地区特色并与传统风貌相和谐，建筑形式与西北乡村风貌有机结合、保护并继承地域历史景观的保护与继承，保留居民对原有地段的认知。

该指标可分解为"乡土文化与历史文化遗产"、"设计手段"两方面进行评价。

1）本土文化与历史文化遗产

该评价指标要求保护历史文化遗产和本地乡土特色，延续与弘扬优秀的历史文化传统和乡村特色、地域特色、民族特色。

对于国家历史文化名村和各级文物保护单位，应按照相关法律法规的规定划定保护范围，严格进行保护。

该评价指标难以直接量化，此项指标为定性指标，由评价者打分进行评定。各分项评价内容评价结果在 1 ～ 5 分之间，5 个分数等级，其评价总分等于各内容得分值的平均值（表 4-42）。

本土文化与历史文化遗产评价标准　　　　　　　　　　表4-42

评价内容	得分要求				
	1	2	3	4	5
1.民居建筑与景观保持当地传统建筑风貌或民族风貌					
2.对场地内拥有的历史文化遗产以及地域景观妥善保护					
最终得分（各项得分的平均值）					

2）设计手段

该指标要求运用设计手段，表现西北民居设计尊重地区的文化背景，保留居民对原有地段的认知性，促进人际和谐、睦邻和睦、社会和谐。

该评价指标为定性指标，由评价者打分进行评定。各分项评价内容评价结果在 1 ～ 5 分之间，5 个分数等级，其评价总分等于各内容得分值的平均值（表 4-43）。

设计手段评价标准　　　　　　　　　　表4-43

评价内容	得分要求				
	1	2	3	4	5
1.有适宜户外活动与人际交往的文体设施和场地					
2.设计注重邻里关系与民居村落归属感					
3.建筑空间组合适应当地生活习惯与民俗民风					
最终得分（各项得分的平均值）					

2. 公众参与

绿色设计的开放性表现在公众的积极参与，西北民居建设过程中，农民往往自发组织修建自己的住房，但是对如何将自己的建筑需求付诸实施认识模糊。

该指标力求体现使用者的重要性，鼓励因人制宜，尊重民居使用者意见进行咨询设计，同时鼓励专业工作者与使用者、管理者共同参与西北绿色民居建设工作。

在西北绿色民居建设过程中，最大限度地考虑使用者参与其中的可能性，将其定义为一项协作性的工作，随时参考使用者满意度。农民在建房工作展开前期，提出设计需求，并且在房屋使用阶段提出意见，在方案设计和实际操作的过程中，做到民主协商、量力而行、注重实效、突出特色和引导扶持等，事前充分发扬民主，广泛吸收农民的意见，尊重农民的首创精神。

该指标可分解为"住户参与"、"住户满意度"两方面进行评价。

1）住户参与

该指标要求在西北绿色民居前期规划设计中，鼓励住户参与，并及时听取住户意见，同时在民居投入使用后及时回收用户反馈，作为未来设计依据。该指标要求设计者对住户意见作长期的持续关注。

该评价指标为定性指标，由评价者打分进行评定。各分项评价内容评价结果在1～5分之间，5个分数等级，其评价总分等于各内容得分值的平均值（表4-44）。

住户参与评价标准 表4-44

评价内容	得分要求				
	1	2	3	4	5
1.西北绿色民居前期方案和规划阶段，住户意见能够被采纳					
2.使用后回访，能够及时得到住户对西北绿色民居的意见反馈					
最终得分（各项得分的平均值）					

2）住户满意度

住户是西北乡村民居的使用主体，在西北民居的绿色评价中，不但要重视住户的意见，还要了解住户对民居的满意程度。

前述指标中已经纳入了西北民居住户注重的指标内容，如安全、经济、舒适等，满意度指标的单独建立则需要很大的工作量。

实际上，住户满意度调查需要具有明确的原则和严谨的步骤，是一个十分复杂的过程，不仅要调查住户的满意程度本身，还需要调查与住户满意程度相关的变量。因为它不但与民居住户事前的期望有关，而且也与居住后的使用行为相关。所以西北乡村绿色民居的住户满意度调查可以采用多种方法与模型来分析，对其满意度的数据分析也可以区分各个层次。

受篇幅所限，本书针对西北绿色民居的满意度调查不建立复杂的数学模型，也暂未将西北乡村民居居民满意度指标权重列入评价中。其评价方式仅是让各被调查住户简单根据5个分数等级表达自己对绿色民居的满意程度，其评价总分等于各打分者得分值的平均值（表4-45）。

住户满意度调查评价标准					表4-45
评价内容	得分要求				
	1	2	3	4	5
1.住户1对西北绿色民居得分					
……					
n.住户 n 对西北绿色民居得分					
最终得分（各项得分的平均值）					

3. 经济成本与绿色收益

从民居的全生命周期来看，民居的绿色效益与经济效益有密切关系。理论上，绿色民居低能耗、低排放，符合社会收益最大化的目标，其"全生命周期内整体收益成本比高于普通住宅"[①]。然而，由于绿色民居的节能效益、生态品质以及对环境负面影响的减少，在民居投入使用初期，效果很难显现。乡村民居的绿色建设成本，势必会高于传统建设方式自发修建的普通民居，短期内难以直接"见到""绿色效益"，即其收益—成本比大于普通民居，对于西北乡村居民而言，绿色民居缺乏吸引力，难以作出主动选择。

乡村绿色民居的经济性应当体现为在寿命周期内，该指标的评价目的是在追求经济成本与绿色效益之间的最佳平衡点，避免以下情况发生：

（1）建造成本过高，脱离西北乡村实际经济状况，不但农民缺乏积极性，而且即使在政策鼓励的前提下，修建起来的"绿色民居"，其投入远远高于节约的资源。例如采用价格昂贵的保温材料等。

（2）虽然建造阶段的建设成本得到了控制，却提高了民居使用阶段的成本。例如，在绿色民居建设初期采用了一些降低资源使用的新技术、新产品，但在使用一段时间后由于这些产品技术反而需要更多的维护成本，使整个生命周期的成本高于普通产品和技术。

（3）提高了民居部分指标的绿色收益，总体指标的绿色收益却降低了。例如，为了提高西北民居在冬季的室内温度，可以通过做墙壁保温的手段提高房屋的保温性能，使其冬季室内温度达到16℃，其增加的建造成本可以通过减少的冬季采暖费用逐年回收；然而为了追求更高的冬季室内温度，在此基础上继续提高1℃，其投入在墙壁保温上的成本就会大大增加，甚至难以回收。

---

① 张文军.生态住宅的经济研究[D].上海：复旦大学，2008。

该指标可分解为"绿色投资成本"、"投资增额回收期"两部分进行评价。其中，绿色投资成本反映绿色民居在生命周期内节约资源的收益能力的动态评价指标；投资增额回收期是以绿色民居使用过程中的总体节能收益抵偿绿色住宅总体投资增额所需要的时间。

1）绿色投资成本

追求建筑的绿色性能，势必会导致建筑造价提升。以城市住宅中的房地产项目为例，生态建筑技术、绿色建筑技术会导致平均成本增高 20% ～ 30% 左右。一些示范项目甚至会提高 50% 的成本。但是，在西北民居的绿色建设中，鼓励本土化的生态技术，该技术可操作性强，易于推广，本土化的"绿色"、"节能"技术，会带来受众群体的扩大，成本的降低。因此成本增幅应当被控制在当地农民可接受的范围内。

2005 年，清华大学针对"绿色消费观"的问题对深圳市某房地产开发项目的居民做过简单的问卷调查，相当数量的被访问者将绿色价值上升作为购房决策的主要影响因素，1% ～ 10% 的价格涨幅可以被普遍接受[①]。经济发达城市的商品住宅尚且如此，经济相对落后的西北地区，乡村民居建设对经济成本则更为敏感。

在乡村民居建设中，建房百姓能够很容易算出造价的增幅，然而其后期使用费用的节省不易核算，即使能够计算出来，对其理解也多数停留在"节水、节能"等方面，对于效率提高、污染减排等内容并不十分关注，因此过高的造价增幅一定不会为建房农民所接受。

一次造价增幅的计算最为简单，也最易为农民所接受。

该评价标准参考《严寒和寒冷地区农村住房节能技术导则》(试行版)，条文 3.2.2 中"节能投资成本增量不宜超过 20%"（表 4-46）。

绿色投资成本（P）评价标准　　　　　　　　　　　　表4-46

得分	得分要求
1	$25\% < P$
2	$20\% < P \leqslant 25\%$
3	$15\% < P \leqslant 20\%$
4	$10\% < P \leqslant 15\%$
5	$0 < P \leqslant 10\%$

---

① 绿色建筑论坛组织.绿色建筑评估[M].北京：中国建筑工业出版社，2009：13。

2）投资增额回收期

西北乡村民居在使用的过程中，其节约能源（资源）的总体收益抵偿总体投资增额所需要花费的时间，为投资增额回收期。

在计算该指标时，需要先计算差额净现值。差额净现值反映绿色民居生命周期内节约资源的收益能力的动态评价指标[①]。

差额净现值的计算过程，是根据西北乡村绿色建筑在实施"节能、节地、节水、节材"等资源（能源）的节约措施后，其年实际节约的资源（能源）收益的差额与民居后期费用的差额，根据既定折现率，折现为评价时期的现值，与初始时期投资额求差。差额净现值是西北绿色民居节约的资源（能源）收益能力的动态评价指标。

其计算公式为：

$$\Delta NPV = \sum (\Delta U + \Delta E) + \Delta I$$

式中　ΔNPV——西北绿色民居与普通民居在生命周期内的成本差额净现值；

　　　ΔU——西北绿色民居与普通民居年维护成本的货币化现值差值；

　　　ΔE——西北绿色民居与普通民居年能源（资源）消耗成本的货币化现值差值；

　　　ΔI——西北绿色民居与普通民居初始成本的货币化现值差值。

计算公式分别为：

$$\Delta U = U_a - U_b$$

U_a——西北绿色民居的年维护成本货币化现值；

U_b——普通民居的年维护成本货币化现值。

$$\Delta E = E_a - E_b$$

E_a——西北绿色民居的年资源（能源）消耗成本货币化现值；

E_b——普通民居的年资源（能源）消耗成本货币化现值。

$$\Delta I = I_a - I_b$$

I_a——西北绿色民居的初始成本货币化现值；

I_b——普通民居的初始成本货币化现值。

---

① 张文军. 生态住宅的经济研究[D]. 上海：复旦大学，2008.

当$\sum(\Delta U + \Delta E)$与折现率、能源（资源）价格、寿命周期有关时，可通过以下公式进行计算。

$$r = (1+k) \,/\, (1+I) - 1$$

式中　k——借款利率；

　　　I——通货膨胀率；

　　　r——折现率。

可以看出，折现率越高，其投资增额收益越少，回收期越长；折现率越低，其投资增额收益越多，回收期越短。

由此，投资增额回收期计算公式为：

$$D = n - 1 + |\Delta NPV_n - 1| \,/\, (\Delta u_n + \Delta e_n)$$

式中　D——动态投资增额回收期；

　　　n——累计差额净现值为正值时的年份数目；

　　　$|\Delta NPV_n - 1|$——第n–1年时的差额净现值；

　　　$\Delta u_n + \Delta e_n$——第n年时，西北绿色民居与普通民居的年维护成本与能源（资源）成本的差额净现值。投资增额回收期评价标准，见表4-47。

投资增额回收期（D，单位：年）评价标准　　　　　　　　　　表4-47

得分	得分要求
1	$20 < D$
2	$15 < D \leq 20$
3	$10 < D \leq 15$
4	$5 < D \leq 10$
5	$D \leq 5$

4.5　小结

西北民居的绿色评价指标体系的建立，不能简单套用我国现行的居住建筑评价体系，我国现行的居住建筑环境性能评价体系多针对城市住宅特点设计，难以反映出西北乡村居住的特点，应当结合乡村居住环境的现状制定评价指标体系。

本章在技术信息分析、相关评价内容比对、专家咨询的基础上，结合西北乡村的实际情况，建立西北民居绿色评价指标体系（表4-48）。

西北民居绿色评价指标体系框架　　　　　　　　表4-48

评价项目	目标层	准则层
居住质量B_1	合理便利C_1	使用功能D_1
		空间布局D_2
	舒适健康C_2	室内空气质量D_3
		室内热环境D_4
		室内声环境D_5
		室内光环境D_6
	安全C_3	建筑防灾D_7
		建筑质量安全D_8
能源B_2	用能方式C_4	被动式用能D_9
		主动节能D_{10}
	用能种类C_5	可再生能源利用D_{11}
		用能结构D_{12}
材料资源B_3	材料选择C_6	材料性能D_{13}
		就地取材Lm值D_{14}
	材料节约C_7	消耗量控制D_{15}
		节材率D_{16}
	材料再利用C_8	可再利用材料使用率Ru值D_{17}
		材料废弃物处理D_{18}
水资源B_4	水资源利用C_9	饮水安全D_{19}
		用水规划D_{20}
		非传统水源利用D_{21}
		雨水利用D_{22}
		再生水利用D_{23}
	节约用水C_{10}	节水率D_{24}
		节水器材D_{25}
		节水管理D_{26}
	排水C_{11}	排水系统D_{27}
		排水收集D_{28}
		污水处理D_{29}
土地资源B_5	建设选址C_{12}	选址安全便利D_{30}
		场地生态环境影响D_{31}
	设计与规划C_{13}	总平面布局D_{32}
		竖向设计D_{33}
		场地绿化D_{34}

（评价项目第一列合并单元格：西北民居绿色评价 A）

评价项目	目标层	准则层
	垃圾C_{14}	垃圾收集与运输D_{35}
生活废弃物B_6		垃圾处理D_{36}
	粪便C_{15}	粪便无害化D_{37}
		卫生厕所D_{38}
		厕所使用管理D_{39}
	地域文化C_{16}	本土文化与历史文化遗产D_{40}
		设计手段D_{41}
社会效应B_7	公众参与C_{17}	住户参与D_{42}
		住户满意度D_{43}
	经济成本与绿色收益C_{18}	绿色投资成本D_{44}
		投资增额回收期D_{45}

（西北民居绿色评价A）

5 西北民居绿色评价

5.1 西北民居绿色评价指标体系赋权原则

5.1.1 指标权重

1. 权重的定义

权重是评价指标在评价指标体系中所占的比重，通常表现为数量的形式，用来衡量评价对象诸多影响因素中相对重要程度的排序。在反映西北乡村民居各项评价指标中，各项对乡村民居绿色建设的贡献程度是不一样的，分别赋予各个指标不同的权重就可以反映这一现象。

在西北乡村绿色民居的建设中，各个评价指标对环境质量、生态化进程等的影响不同，因此给指标赋予不同的权数值，反映的是各个评价指标之间相对于评价目标的重要程度。因此，评价权数值的分配会对评价结果产生重要的影响，采取科学、合理的方法为指标赋权值，就显得至关重要。

权重的度量可以从主观、客观两方面进行，是主客观综合量度的结果，因为权重既反映了评价者与决策者的主观意愿，即对该指标的重视程度，又是评价指标特征的客观反映，即指标本身的作用和重要性。

指标权重之间的差异主要由以下几方面构成：

（1）决策者的人为区别和主观差异，导致对各指标的重视程度不同。

（2）各个指标之间的客观差异，导致各指标在评价中所起到的作用不同。

（3）各个指标的信息来源不同，所提供的信息可靠性不同，导致各指标在评价中的可靠性不同。

2. 常用赋权方法

在前文中提到，采用不同的权重会导致不同的评价结果，因此，选用合理的评价方法，保证权重体系的科学合理，是保证评价结果与评价目标一致的基础。在实际评价工作中，关于权重确定的计算方法有许多种，根据计算权重系数时原始数据的来源以及计算过程的不同，常用的赋权方法分为主观赋权法、客观赋权法。

主观赋权法是根据专家或者决策者，对各指标的重视程度而进行主观赋权的方法；而客观赋权法则是通过指标的客观信息而确定权重的方法。相比之下，主观赋权法带有一定主观色彩，尽管难以直接精确给出各评价指标的权重值，但是其优势是可以根据问题的实际情况，较为合理地确定各指标之间的重要程度排序；而客观赋权法则根据评价指标客观的评价值数据差异来确定各指标权重，该评价方法过程透明，突出被评价对象的差异，但是其结果往往是最重要的指标不一定权值大，即评价结果脱离现实情况。

对各种赋权方法的原理比较，以及数学算法并非本书的研究内容，本章节的内容重点为，从建筑学专业的角度出发，厘清各评价指标之间的关系及其排序。因此文中对常用的赋权方法，仅介绍其基本原理，对其详细计算过程不作赘述。

（1）主观赋权法

主观权重又被称为"先验权重"，顾名思义，即是由先验信息计算得出。主观赋权法反映了专家与决策人在相关领域的知识、经验、认识程度以及偏好。

常见的主观赋权法，有以下几种：

1）专家打分法。由专家直接打分赋权，常见的方法已经由个人经验决策，也有专家集体决策，其操作过程类似简化了的德尔菲（Delphi）法。每位被咨询专家通过定性分析，给予定量答案。数据处理时，用以下算术平均值计算专家的集中意见：

$$a_j = \sum_{i=1}^{n} (a_{ji})/n \qquad j=1,2,\cdots,m$$

式中　　n——专家数量；

m——评价指标数量；

a_j——第 j 个指标的权重值平均值；

a_{ji}——第 i 位专家为第 j 个指标权重值打的分数。

然后，经过归一化处理的数据结果，比较符合使用习惯。公式如下：

$$a'_j = a_j / \sum_{j=1}^{m} (a_j)$$

2）层次分析法（AHP）。是目前使用较广的方法，评价者对所有指标进行两两比较，并得出判断矩阵

$$A = (a_{ij})_{m \times n}$$

其中，a_{ij} 为指标 Y_i 与 Y_j 比较而得的数值，分别用 1 ~ 5 表示同等重要、稍重要、明显重要、强烈重要、极端重要，然后进行层次排序。

3）偏好比率法。与传统的层次分析法原理相似，但是重新定义了两个评价指标之间的偏好比率。假如评价者对 n 个评价指标的重要性排序为：

$$s_1 \succ s_2 \succ \cdots \succ s_n \quad （"\succ" \text{表示优于}）$$

令 $r_k = \dfrac{w_{k-1}}{w_k}(k = 2,3,\cdots,n)$ 代表相邻两个指标的重要程度（权重）之比。

其取值 r_k = 1.0 时，表示指标 S_{k-1} 与指标 S_k 相比，同等重要；

其取值 r_k = 1.2 时，表示指标 S_{k-1} 与指标 S_k 相比，稍微重要；

其取值 r_k = 1.4 时，表示指标 S_{k-1} 与指标 S_k 相比，明显重要；

其取值 r_k = 1.6 时，表示指标 S_{k-1} 与指标 S_k 相比，强烈重要；

其取值 r_k = 1.8 时，表示指标 S_{k-1} 与指标 S_k 相比，极端重要；

$$r_k = \dfrac{w_{k-1}}{w_k}(k = 2,3,\cdots,n)$$

其中，1.0、1.2、1.4、1.6、1.8，分别表示同等重要、稍重要、明显重要、强烈重要、极端重要。

则 $w_k = \dfrac{1}{1 + \sum\limits_{k=2}^{n} \prod\limits_{i=k}^{n} r_i}$ ， $w_{k-1} = r_k w_k (k = n, n-1, \cdots, 1)$

（2）客观赋权法

客观权重也被称为"后验权重"，常使用某种数学方法将实际的决策结论与专家的决策结论加以比较，确定出专家结论与实际结论的偏离程度，通过信息反馈，逆判进行赋权。客观赋权法通过对专家的评价数据结论进行分析，确定权数，但因评价测度各不相同，所以未必能够客观真实地反映各专家在问题领域的决策。

常见的客观赋权法很多，本书仅介绍较为常见的几种：

1）主成分分析法（Principal Component Analysis，PCA）。主成分分析法的基本思想是进行变量降维，将多个评价指标综合为若干个主成分，并将这若干个主成分的贡献程度作为权数，构造成为综合指标。主成分分析法的实质，就是确定原来变量在主成分上的系数。计算过程为：

列出矩阵：

$$X = \left(x_{ij}\right)_{np}$$

将原始数据转化为正向指标：

$$x_{ij} = \frac{x_{ij} - \overline{x_j}}{\sqrt{\mathrm{var}(x_i)}} \quad \left(i = 1,2,\cdots,n \quad j = 1,2,\cdots,p \right)$$

其中，$\sqrt{\mathrm{var}(x_j)}$ 为第 j 个变量的标准差，$\overline{x_j}$ 为第 j 个变量的平均值。

采用标准化分数，得出标准化矩阵方程：

$$Z = \begin{bmatrix} Z_{11} & \cdots & Z_{1p} \\ \vdots & \vdots & \vdots \\ Z_{m1} & \cdots & Z_{mp} \end{bmatrix}$$

计算该矩阵的相关系数矩阵：

$$R = \begin{bmatrix} r_{ij} \end{bmatrix}_{p \times p} = \frac{Z' - Z}{n - 1}$$

求解矩阵 R 的特征根方程，则 P 个特征根值为：

$$\lambda_1 \geqslant \lambda_2 \geqslant \cdots \geqslant \lambda_p$$

由此，主成分分析公式为：

$$Y_i = u'_i X \quad (i = 1, 2, \cdots, p)$$

2）"拉开档次"法（Scatter Degree）。该方法是基于"差异驱动"原理赋权法，基本思想是：权重应当是各评价指标在指标体系中的变异程度以及对其他指标影响程度的度量，可根据各评价指标所提供的信息容量来决定相应指标的权重数值。由此，赋权时，尽可能拉开评价指标之间的档次，体现出被评价指标之间的差异，以利于排序。

在具体操作时，确定权系数向量 ω 的原则是，最大限度地体现"质量"不同系统之间的差异，即求解指标向量 x 的线性函数 $\omega^T x$，使函数对 n 个系统取值的方差或者分散程度最大化。

变量 $y = \omega^T x$，按照 n 个评价指标取值构成样本的方差为：

$$s^2 = \frac{1}{n} \sum_{i=1}^{n} (y_i - \overline{y})^2 = \frac{y^T y}{n} - \overline{y}^2$$

将 $y = A\omega$ 代入上式，则 $ns^2 = \omega^T$，$A^T A \omega = \omega^T H \omega$。

若取权重系数 ω 为矩阵 H 的最大特征值所对应的特征向量时，下列数学模型取得最大值。

$$\begin{cases} \max & \omega^T H \omega \\ s.t. & e^T \omega = 1 \\ & \omega \geqslant 0 \end{cases}$$

3）熵权法（Entrophy）。"熵"作为物理概念，表示的是系统的无序程度。而"信息熵"（Information Entrophy）则表示信息无序程度的度量。信息熵值与信息的无序程度成正比，与信息效用值成反比。

系统的单位熵值 e 可计算为，总熵值 E 除以分子总数 $\sum_{i=1}^{m} n_i$，即：

$$e = E / \sum_{i=1}^{m} n_i = -k \sum_{i=1}^{m} \left[(n_i / \sum_{i=1}^{m} n_i) \ln(\frac{n_i}{\sum_{i=1}^{m} n_i}) \right]$$

其中，k 为波耳兹曼常数。

在综合评价中，可以将其看作每一个指标作包容的信息，都具有一定的熵值及效用值。熵值等于 1 的指标，其数据完全无序，对综合评价的效用值为 0，熵值越小的指标，其效用越高。由此，各指标的信息效用价值，取决于该评价指标的信息熵值与 1 的差值 $d_i = 1 - e_i$，各指标的权重则为其信息效用与所有指标信息效用值之和的比率，即：

$$w_i = d_i / \sum_{i=1}^{m} (d_j)$$

在具体计算中，每个指标为一个体系，样本数为 m，则每个样本关于此指标的具体数据为 n_i。熵值法使 $n_i / \sum_{i=1}^{m} n_i$ 作为数据无量纲化的公式，带入单位熵值计算式，求出各个指标的信息熵值 e_i，并求其效用价值 d_i，最终得出权重值 w_i。

3. 常用赋权方法比较

在多属性综合评价的研究领域中，很多主、客观的赋权方法都得到了应用。同样的评价对象，同样的评价指标体系，经过不同的赋权方法赋权后，权重不一样，评价结果也不一样，对不同赋权方法的研究也由此展开。通常学术界对赋权方法的研究多从以下两方面进行。一是结合几种不同的赋权方法进行评价，二是不同的赋权方法，并比较不同的权重值与评价结果。

对于综合评价而言，各种赋权方法、评价方法及其集成，对于同一评价对象的结果不尽相同，有些差异较大，有些差异较小。评价者和评价对象的地位关系不对等，信息渠道不对等，所以何种评价方式最为科学、公正，也因时而异，实际问题会相当复杂。

从统计学的角度出发，评价只有宏观的意义。例如，当为评价指标赋权时，如果说指标 A 在排序上优于指标 B，很容易达成共识，但是若说指标 A 权重为 0.0111，指标 B 权重 0.0113，微小的差距就很难说明在实际情况下，A 优于 B。

虽然客观公正是评价必备的基本要求，而客观赋权法看似可以避免人为的干扰，但是实际情况仍非如此。从某种程度上说，一切方法都是"主观"方法，因为选取评价指标，选择赋权方法，选择评价方法，在每个环节中，每个选择都是人为的。

同时，并非只有客观赋权才是科学的方法，认为主观赋权法比客观赋权法片面的看法是错误的，主观赋权法一样是科学的方法。虽然主观赋权法具有一定的"主观"色彩，但是"主观"并不意味着"随意"，评价者对指标的看法以及对指标重要程度的排序来源于客观实际，形成主观看法和客观环境的关系也密不可分。相比之下，客观赋权法，不征求同行、专家的意见，完全切断了权重值与外界环境的联系，有时会出现与现实环境完全相悖的情况。

根据信息管理领域专家的相关研究，将主成分分析、TOPSIS 法、灰色关联法、熵权法几种客观赋权法进行排序，并比较评价结果，并将客观赋权评价结果与主观赋权评价结果相比，得出的结论是："客观赋权法的评价结果无法得到公认，比较适用宏观分级评价；在评价数据呈正态分布情况下，客观赋权法评价结果与权威主观评价结果相比，处于数据中间段的评价结果相差较大，而处于数据系列两端的评价对象会得到较为一致的评价。"[①]

5.1.2　西北民居绿色评价指标赋权方法的选择

综上所述，无论使用哪种数学方法为指标赋权，指标重要性的排序还是需要由决策人与专家，根据经验来进行主观操作。通过专家咨询获得权重的工作程序通常采用以下的操作方法：

一种方法由被咨询专家直接为各个指标排序与赋权，这种方法操作简单易行，结果清晰明了，但是这种方法有时会导致权重分配均衡，无法拉开差距。因为在被咨询过程中，专家往往会平均分配权值后，在此基础上互相比较，进行加减调整后的权值，人为的简单数学计算结果较粗糙，很难保证权值和为 1，而且数值之间的关系精确表明权值之间的差异。为避免这种情况，使用层次分析法，通过对指标之间的相比，统计权重，能够较正确反映权重之间的重要性差异。

在西北绿色民居的评价中，采用德尔斐（Delphi）法和层次分析法（AHP）两者相结合的方法。首先以国内外具有代表性的相关生态建筑、绿色建筑等评价体系作为参考，并结合行业需求以及西北乡村地区的特殊情况，将评价指标进行整理归纳，利用德尔斐（Delphi）法，选择专家组，发出调查问卷，请被咨询的专家对各指标之间的关系，进行基本排序。

通过几轮问卷咨询与信息整合，就各评价指标的重要程度排序达成一致，通过

---

① 俞立平.科技教育评价中主客观赋权方法比较研究[J].科研管理，2009（4）：154-161。

层次分析法（AHP），确定层次关系，逐层对各评价指标的权重进行计算。

5.1.3 西北民居绿色评价指标权重排序原则

权重排序的过程，虽然由专家咨询完成，带有一定的主观色彩，但是权值的确定本质上应当是客观的。其主观色彩由数学方法来弥补，客观性主要反映在基于现实情况与评价目的，哪个指标对绿色建筑的物理影响最大。

本研究结合西北地区的乡村建设实际情况，西北乡村实现绿色建筑目标的途径，对指标进行基本排序，遵循以下原则：

（1）由于乡村建设的管理现状，并不因为一些评价指标的标准中包含规范与强制性条文，就将其权重降低，而是将其作为必备条目。对城市绿色建筑来说，条文标准执行力度强，所以通常相关条目在评价中可降低权重，相比之下，由于乡村建设现阶段的混乱状况，必须规范建设环节，将规范法规作为其必备条目。

（2）考虑评价活动对西北乡村建设的鼓励与推进，实施难度不大的条目，适当降低权重，防止在西北乡村民居建设时"避难就易"。

（3）指标重要性排序反映西北乡村地区的环境特点进行权重分配。例如，就西北乡村地区而言，水资源短缺的问题远远突出于土地资源节约的问题，在权重阶段对此进行排序与调整。

（4）排序中突出西北乡村地区节能、节水的重要性，针对西北乡村的现状，排序上鼓励低成本适宜性技术，鼓励在节水环节中采用非传统水源、雨水等在西北乡村切实有效的生态技术措施。

（5）在欧美等率先推广环境性能评价的经济发达国家与地区，居住的需求早已实现，居住质量总体标准高、差别小。相比之下我国西北乡村地区经济不但相对落后，而且各地区发展不均衡，面临的问题多样复杂。因此在指标权重排序中鼓励安全、健康、舒适优先。

综上所述，西北绿色民居评价指标权重的分配，虽然前期的排序由专家咨询完成，但是期间专家与评价体系决策人的沟通必不可少，决策人对西北乡村绿色民居建设的认识也十分重要，因为在发放专家问卷时，不可能将指标直接发给被咨询人了事，还需要将评价目标明确告知，因此基本排序还基于前文对评价对象特征的分析以及评价目标的明确进行。

5.2 西北民居绿色评价指标赋权程序

5.2.1 基本信息收集分析

本调查的目的是确定西北绿色民居评价指标的权重基本排序。第一次发放20

份调查问卷，问卷根据前期文献收集与技术信息分析拟定，请被咨询专家评比各层次、各指标的重要性次序。第一次问卷回收以后，将第一次专家意见进行汇总，进行对比，再作为第二论问卷返回各位专家，然后请各位被咨询人根据其他专家的不同意见，修改自己的意见，或者提出坚持意见的理由。逐轮收集意见与反馈信息是德尔斐（Delphi）法的重要内容，经过几轮反复后，直到每一份问卷的意见差异越来越小为止。

本次专家问卷调查范围为设计从业人员、研究机构与高校从业人员等，专业背景涉及建筑设计、设备工程、建筑物理，以及建筑节能、绿色建筑技术等。选择专家具有权威性与专业代表性。

本次德尔斐（Delphi）法的统计结果，为评价指标权重的依据。

5.2.2　指标权重计算过程

1. 构造层次分析结构

建立问题的层次模型是 AHP 法中最关键的一步，将复杂问题分解为各个组成元素，并根据各元素之间的相互关系及其隶属关系构成不同层次，作为准则的元素对下一层次的元素起到支配作用，同时也被上一层次的目标层所支配。最高层次是评价目标，也是唯一的一级指标，中间层次是衡量评价对象是否能达到目标的判断准则，最底层次则是解决问题的措施、方案等。

对西北绿色民居的评价而言，构造层次结构已经在上一章中构建（见表 4-2）：

一级指标（A 层次）为评价总目标；

二级指标（B 层次）为 7 项评价内容，包括居住质量、能源、材料资源、水资源、土地资源、生活废弃物、社会效应；

三级指标（C 层次）为目标层，包括 18 项评价内容；

四级指标（D 层次）为准则层，包括 45 项评价指标。

2. 构造判断矩阵

建立层次分析模型之后，在各层元素之间进行两两比较，构造比较判断矩阵，并比较结果的"重要性"，将其排序之后，进行一定的赋值。

对于 n 个元素来说，两两比较矩阵为 $C = (C_{ij})_{n \times n}$，其中 C_{ij} 表示元素 i 和元素 j 相对于目标的重要性，矩阵 C 具有如下性质：

（1）$C_{ij} > 0$

（2）$C_{ij} = 1 / C_{ji}$（$i \neq j$）

（3）$C_{ij} = 1$（$i, j = 1, 2, \cdots, n$）

为了使决策判断定量化，对上述矩阵进行数值判断，需要根据一定的比率标度定量化进行判断，尝试用的方法为 $1 \sim 9$ 标度法。

当 i，j 两元素同等重要时，$C_{ij} = 1$；

当 i 元素比 j 元素稍重要时，$C_{ij} = 3$；

当 i 元素比 j 元素明显重要时，$C_{ij} = 5$；

当 i 元素比 j 元素强烈重要时，$C_{ij} = 7$；

当 i 元素比 j 元素极端重要时，$C_{ij} = 9$；

当 i 元素比 j 元素稍不重要时，$C_{ij} = 1/3$；

当 i 元素比 j 元素明显不重要时，$C_{ij} = 1/5$；

当 i 元素比 j 元素强烈不重要时，$C_{ij} = 1/7$；

当 i 元素比 j 元素极端不重要时，$C_{ij} = 1/9$。

$C_{ij} = \{ 2，4，6，8，1/2，1/4，1/6，1/8 \}$ 表示重要性介于 $C_{ij} = \{ 1，3，5，7，9$，$1/3，1/5，1/7，1/9 \}$。

对于复杂的决策问题，其判断矩阵是经过专家咨询决定的，对本书而言也是如此。西北绿色民居评价的矩阵，赋值的根据是由决策者与被咨询专家达成一致形成的，即德尔斐（Delphi）法，具体过程在前文已经提出，并作出说明。

3. 层次单排序

各层次单排序计算的是各元素相对于上一层次中某一元素的重要性，即根据判断矩阵计算对于上一层次某元素而言，本层次与之相关的元素的重要性次序的权重值，在此基础上再计算各层次的总排序。

经常被使用的方法为方根法，即计算矩阵最大特征根及其对应特征向量的方根法：

（1）计算判断矩阵每行元素的乘积 M_i：

$$M_i = \prod_{j=1}^{n} a_{ij} \quad i = 1, 2, \cdots, n$$

（2）计算 M_i 的 n 次方根：

$$\overline{W_i} = \sqrt[n]{M_i}$$

（3）对向量 $\overline{W_i}$ 进行归一化处理：

$$W = \frac{\overline{W_i}}{\sum_{j=1}^{n} \overline{W_j}}$$

（4）计算判断矩阵的最大特征根：

$$\lambda_{\max} = \sum_{i=1}^{n} \frac{(AW)_i}{nW_i}$$

4. 层次总排序

依次根据树状结构自上而下逐层计算，可以得出最低层次指标相对于总目标的排序，即层次总排序。计算各层元素对系统总目标的合成权重，即确定最低层次的各元素在总目标下的重要程度。

层次排序要进行一致性检验，总排序的一致性检验常常可以忽略不计算。

5. 矩阵一致性检验

应用层次分析法保持思维的一致性十分重要，避免出现专家在判断指标重要性的时候不相互矛盾，各个判断之间协调一致。通常使用判断矩阵特征根的变化来检验判断的一致性程度，在层次分析法中，引用最大特征根以外的其余特征根的负平均值，作为度量判断矩阵偏离一致性的指标。

$$CI = \frac{\lambda_{\max} - n}{n - 1}$$

对于不同阶的判断矩阵，人们判断的一致误差不同，衡量不同阶判断矩阵是否具有满意的一致性，还需要引入判断矩阵的平均随机一致性指标值，对于 1 ~ 9 标度的判断矩阵，RI 值见表 5-1。

平均随机一致性指标 RI 表 5-1

标度	1	2	3	4	5	6	7	8	9
RI	0.00	0.00	0.58	0.90	1.12	1.24	1.32	1.41	1.45

判断矩阵一致性指标 CI 与同阶平均随机一致性指标 RI 之比称为随机一致性指标 CR。

$$CR = \frac{CI}{RI}$$

当 $CR < 0.10$ 时，可看作是判断矩阵具有满意的一致性，否则判断矩阵要进行调整。

关于本研究中的层次排序计算与一致性检验，受篇幅限制，本书中不再赘述其计算过程，德尔斐（Delphi）法的咨询在上一小节中已经作出描述，在下一小节中，将直接描述层次排序与一致性检验结果。

5.2.3 单层次计算

通过德尔斐（Delphi）法结合决策人的技术经验分析，对各指标的重要性赋值，得出判断矩阵，并运用层次分析（AHP）法计算权重，对各层次的判断矩阵进行一致性检验。

各层次的单层次矩阵权重计算见表 5-2 ~ 表 5-27。

二级指标判断矩阵及权值（评价目标A） 表5-2

西北绿色民居评价A	B_1	B_2	B_3	B_4	B_5	B_6	B_7	W_i
B_1	1	3	5	3	5	5	7	0.3839
B_2	1/3	1	3	1	3	3	5	0.1836
B_3	1/5	1/3	1	1/3	1	1	3	0.0724
B_4	1/3	1	3	1	3	3	5	0.1836
B_5	1/5	1/3	1	1/3	1	1	3	0.0724
B_6	1/5	1/3	1	1/3	1	1	3	0.0724
B_7	1/7	1/5	1/3	1/5	1/3	1/3	1	0.0318
一致性检验	$\lambda_{max} = 7.1456$, $CI = 0.023$, $RI = 1.32$, $CR=CI / RI = 0.0178 < 0.10$							

三级指标判断矩阵及权值（评价项目B_1） 表5-3

居住质量B_1	C_1	C_2	C_3	W_i
C_1	1	1/5	1/7	0.0719
C_2	5	1	1/3	0.2790
C_3	7	3	1	0.6491
一致性检验	$\lambda_{max} = 3.0649$, $CI = 0.0362$, $RI = 0.58$, $CR = CI / RI = 0.0624 < 0.10$			

三级指标判断矩阵及权值（评价项目B_2） 表5-4

能源B_2	C_4	C_5	W_i
C_4	1	1	0.5000
C_5	1	1	0.5000
一致性检验	$\lambda_{max} = 2$, $CI = 0$, $RI = 0$, $CR = CI / RI = 0 < 0.10$		

三级指标判断矩阵及权值（评价项目B_3） 表5-5

材料资源B_3	C_6	C_7	C_8	W_i
C_6	1	3	3	0.6000
C_7	1/3	1	1	0.2000
C_8	1/3	1	1	0.2000
一致性检验	$\lambda_{max} = 3$, $CI = 0$, $RI = 0.58$, $CR = CI / RI = 0 < 0.10$			

三级指标判断矩阵及权值（评价项目B_4）　　　表5-6

水资源B_4	C_9	C_{10}	C_{11}	W_i
C_9	1	2	3	0.5396
C_{10}	1/2	1	2	0.2970
C_{11}	1/3	1/2	1	0.1634
一致性检验	$\lambda_{max}=3.0092$, $CI=0.0051$, $RI=0.58$, $CR=CI/RI=0.0088<0.10$			

三级指标判断矩阵及权值（评价项目B_5）　　　表5-7

土地资源B_5	C_{12}	C_{13}	W_i
C_{12}	1	2	0.6667
C_{13}	1/2	1	0.3333
一致性检验	$\lambda_{max}=2$, $CI=0$, $RI=0$, $CR=CI/RI=0<0.10$		

三级指标判断矩阵及权值（评价项目B_6）　　　表5-8

生活废弃物B_6	C_{14}	C_{15}	W_i
C_{14}	1	3	0.7500
C_{15}	1/3	1	0.2500
一致性检验	$\lambda_{max}=2$, $CI=0$, $RI=0$, $CR=CI/RI=0<0.10$		

三级指标判断矩阵及权值（评价项目B_7）　　　表5-9

社会效应B_7	C_{16}	C_{17}	C_{18}	W_i
C_{16}	1	1	1/5	0.1429
C_{17}	1	1	1/5	0.1429
C_{18}	5	5	1	0.7143
一致性检验	$\lambda_{max}=3$, $CI=0$, $RI=0.58$, $CR=CI/RI=0<0.10$			

四级指标判断矩阵及权值（目标层C_1）　　　表5-10

合理便利C_1	D_1	D_2	W_i
D_1	1	3	0.7500
D_2	1/3	1	0.2500
一致性检验	$\lambda_{max}=2$, $CI=0$, $RI=0$, $CR=CI/RI=0<0.10$		

四级指标判断矩阵及权值（目标层C_2） 表5-11

舒适健康C2	D_3	D_4	D_5	D_6	W_i
D_3	1	1	5	3	0.3908
D_4	1	1	5	3	0.3908
D_5	1/5	1/5	1	1/3	0.0675
D_6	1/3	1/3	3	1	0.1509
一致性检验	$\lambda_{max}=4.0434$, $CI=0.0146$, $RI=0.90$, $CR=CI/RI=0.0162<0.10$				

四级指标判断矩阵及权值（目标层C_3） 表5-12

安全C_3	D_7	D_8	W_i
D_7	1	1	0.5000
D_8	1	1	0.5000
一致性检验	$\lambda_{max}=2$, $CI=0$, $RI=0$, $CR=CI/RI=0<0.10$		

四级指标判断矩阵及权值（目标层C_4） 表5-13

用能方式C_4	D_9	D_{10}	W_i
D_9	1	1	0.5000
D_{10}	1	1	0.5000
一致性检验	$\lambda_{max}=2$, $CI=0$, $RI=0$, $CR=CI/RI=0<0.10$		

四级指标判断矩阵及权值（目标层C_5） 表5-14

用能方式C_5	D_{11}	D_{12}	W_i
D_{11}	1	1/2	0.3333
D_{12}	2	1	0.6667
一致性检验	$\lambda_{max}=2$, $CI=0$, $RI=0$, $CR=CI/RI=0<0.10$		

四级指标判断矩阵及权值（目标层C_6） 表5-15

用能方式C_6	D_{13}	D_{14}	W_i
D_{13}	1	1	0.5000
D_{14}	1	1	0.5000
一致性检验	$\lambda_{max}=2$, $CI=0$, $RI=0$, $CR=CI/RI=0<0.10$		

四级指标判断矩阵及权值（目标层C_7）　　　表5-16

用能方式C_7	D_{15}	D_{16}	W_i
D_{15}	1	1/2	0.3333
D_{16}	2	1	0.6667
一致性检验	$\lambda_{max}=2$, $CI=0$, $RI=0$, $CR=CI/RI=0<0.10$		

四级指标判断矩阵及权值（目标层C_8）　　　表5-17

材料节约C_8	D_{17}	D_{18}	W_i
D_{17}	1	3	0.7500
D_{18}	1/3	1	0.2500
一致性检验	$\lambda_{max}=2$, $CI=0$, $RI=0$, $CR=CI/RI=0<0.10$		

四级指标判断矩阵及权值（目标层C_9）　　　表5-18

水资源利用C_9	D_{19}	D_{20}	D_{21}	D_{22}	D_{23}	W_i
D_{19}	1	3	7	5	7	0.5101
D_{20}	1/3	1	5	3	5	0.2594
D_{21}	1/7	1/5	1	1/3	1	0.0537
D_{22}	1/5	1/3	3	1	3	0.1230
D_{23}	1/7	1/5	1	1/3	1	0.0537
一致性检验	$\lambda_{max}=5.1357$, $CI=0.0339$, $RI=1.12$, $CR=CI/RI=0.0303<0.10$					

四级指标判断矩阵及权值（目标层C_{10}）　　　表5-19

节约用水C_{10}	D_{24}	D_{25}	D_{26}	W_i
D_{24}	1	1/3	3	0.2583
D_{25}	3	1	5	0.6370
D_{26}	1/3	1/5	1	0.1047
一致性检验	$\lambda_{max}=3.0385$, $CI=0.0215$, $RI=0.58$, $CR=CI/RI=0.0370<0.10$			

四级指标判断矩阵及权值（目标层C_{11}）　　　表5-20

排水C_{11}	D_{27}	D_{28}	D_{29}	W_i
D_{27}	1	3	5	0.6370
D_{28}	1/3	1	3	0.2583
D_{29}	1/5	1/3	1	0.1047
一致性检验	$\lambda_{max}=3.0370$, $CI=0.0223$, $RI=0.58$, $CR=CI/RI=0.0385<0.10$			

四级指标判断矩阵及权值（目标层C_{12}） 表5-21

建设选址C_{12}	D_{30}	D_{31}	W_i
D_{30}	1	3	0.7500
D_{31}	1/3	1	0.2500
一致性检验	$\lambda_{max}=2$, $CI=0$, $RI=0$, $CR=CI/RI=0<0.10$		

四级指标判断矩阵及权值（目标层C_{13}） 表5-22

设计与规划C_{13}	D_{32}	D_{33}	D_{34}	W_i
D_{32}	1	3	1/3	0.2583
D_{33}	1/3	1	1/5	0.1047
D_{34}	3	5	1	0.6370
一致性检验	$\lambda_{max}=3.0385$, $CI=0.0140$, $RI=0.58$, $CR=CI/RI=0.0241<0.10$			

四级指标判断矩阵及权值（目标层C_{14}） 表5-23

垃圾C_{14}	D_{35}	D_{36}	W_i
D_{35}	1	1	0.5000
D_{36}	1	1	0.5000
一致性检验	$\lambda_{max}=2$, $CI=0$, $RI=0$, $CR=CI/RI=0<0.10$		

四级指标判断矩阵及权值（目标层C_{15}） 表5-24

粪便C_{15}	D_{37}	D_{38}	D_{39}	W_i
D_{37}	1	3	5	0.6370
D_{38}	1/3	1	3	0.2583
D_{39}	1/5	1/3	1	0.1047
一致性检验	$\lambda_{max}=3.0385$, $CI=0.0215$, $RI=0.58$, $CR=CI/RI=0.0370<0.10$			

四级指标判断矩阵及权值（目标层C_{16}） 表5-25

地域文化C_{16}	D_{40}	D_{41}	W_i
D_{40}	1	1/3	0.2500
D_{41}	3	1	0.7500
一致性检验	$\lambda_{max}=2$, $CI=0$, $RI=0$, $CR=CI/RI=0<0.10$		

四级指标判断矩阵及权值（目标层C_{17}）　　　表5-26

公众参与C_{17}	D_{42}	D_{43}	W_i
D_{42}	1	1/3	0.2500
D_{43}	3	1	0.7500
一致性检验	$\lambda_{max}=2$，$CI=0$，$RI=0$，$CR=CI/RI=0<0.10$		

四级指标判断矩阵及权值（目标层C_{18}）　　　表5-27

经济成本与绿色收益C_{18}	D_{44}	D_{45}	W_i
D_{44}	1	2	0.6667
D_{45}	1/2	1	0.3333
一致性检验	$\lambda_{max}=2$，$CI=0$，$RI=0$，$CR=CI/RI=0<0.10$		

5.2.4　计算各层次指标权重

在各判断矩阵，单层次排序计算的基础上，计算各个评价指标的层次总排序，即对总目标的权重，见表5-28。

层次总排序权值　　　表5-28

分项	权重	目标层	权重	对总目标的权重	准则层	权重	对总目标的权重
西北民居绿色评价A							
居住质量B_1	0.3839	合理便利C_1	0.0715	0.0276	使用功能D_1	0.7500	0.0207
					空间布局D_2	0.2500	0.0069
		舒适健康C_2	0.2790	0.1071	室内空气质量D_3	0.3908	0.0419
					室内热环境D_4	0.3908	0.0419
					室内声环境D_5	0.0675	0.0072
					室内光环境D_6	0.1509	0.0162
		安全C_3	0.6491	0.2492	建筑防灾D_7	0.5000	0.1246
					建筑质量安全D_8	0.5000	0.1246
能源B_2	0.1836	用能方式C_4	0.5000	0.0918	被动式用能D_9	0.5000	0.0459
					主动式节能D_{10}	0.5000	0.0459
		用能种类C_5	0.5000	0.0918	可再生能源利用D_{11}	0.3333	0.0306
					用能结构D_{12}	0.6667	0.0612
材料资源B_3	0.0724	材料选择C_6	0.6000	0.0434	材料性能D_{13}	0.5000	0.0217
					就地取材值D_{14}	0.5000	0.0217
		材料节约C_7	0.2000	0.0145	消耗量控制D_{15}	0.3333	0.0048
					节材率D_{16}	0.6667	0.0097
		材料再利用C_8	0.2000	0.0145	可再利用材料使用率D_{17}	0.7500	0.0109
					材料废弃物处理D_{18}	0.2500	0.0036

续表

分项	权重	目标层	权重	对总目标的权重	准则层	权重	对总目标的权重
西北民居绿色评价 A		水资源利用 C_9	0.5396	0.0991	饮水安全 D_{19}	0.5101	0.0505
					用水规划 D_{20}	0.2594	0.0257
					非传统水源利用 D_{21}	0.0537	0.0053
					雨水利用 D_{22}	0.1230	0.0122
					再生水利用 D_{23}	0.0537	0.0053
	水资源 B_4 0.1836	节约用水 C_{10}	0.2970	0.0545	节水率 D_{24}	0.2583	0.0144
					节水器材 D_{25}	0.6370	0.0347
					节水管理 D_{26}	0.1047	0.0057
		排水 C_{11}	0.1634	0.0300	排水系统 D_{27}	0.6370	0.0191
					排水收集 D_{28}	0.2583	0.0077
					污水处理 D_{29}	0.1047	0.0031
	土地资源 B_5 0.0724	建设选址 C_{12}	0.6667	0.0483	选址安全便利 D_{30}	0.7500	0.0362
					场地生态环境影响 D_{31}	0.2500	0.0121
		设计与规划 C_{13}	0.3333	0.0241	总平面布局 D_{32}	0.2583	0.0062
					竖向设计 D_{33}	0.1047	0.0025
					场地绿化 D_{34}	0.6370	0.0154
	生活废弃物 B_6 0.0724	垃圾 C_{14}	0.7500	0.0543	垃圾收集与运输 D_{35}	0.5000	0.0271
					垃圾处理 D_{36}	0.5000	0.0271
		粪便 C_{15}	0.2500	0.0181	粪便无害化 D_{37}	0.6370	0.0115
					卫生厕所 D_{38}	0.2583	0.0047
					厕所使用管理 D_{39}	0.1047	0.0019
	社会效应 B_7 0.0318	地域文化 C_{16}	0.1429	0.0045	本土文化和历史文化遗产 D_{40}	0.2500	0.0011
					设计手段 D_{41}	0.7500	0.0034
		公众参与 C_{17}	0.1429	0.0045	住户参与 D_{42}	0.2500	0.0011
					住户满意度 D_{43}	0.7500	0.0034
		经济成本与绿色收益 C_{18}	0.7143	0.0227	绿色投资成本 D_{44}	0.6667	0.0152
					投资增额回收期 D_{45}	0.3333	0.0076

5.3 西北民居绿色评价体系各层次指标权重分析比对

由图 5-1 ～图 5-3 分析可以看出，各层次评价指标权重的排序关系与专家问卷结果、技术信息分析结果一致。在评价项目层次，"居住质量"权重分布最高，反映到评价指标上，则是鼓励西北绿色民居优先满足安全、健康、舒适的居住环境；虽然"水资源"评价项目在西北地区具有较高的重要性，但是对其条目下的具体指标并未全部提高权值，对其中实施难度较低的评价指标，适当降低权重，避免进行西北绿色民居建设时，有意识地实施简单的项目。

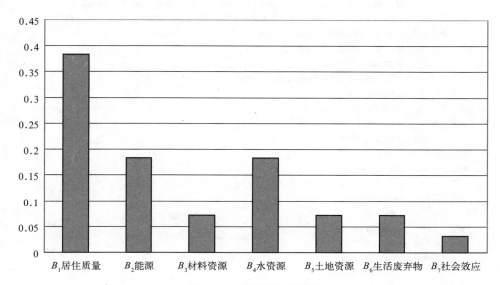

图 5-1　一级指标权重分布

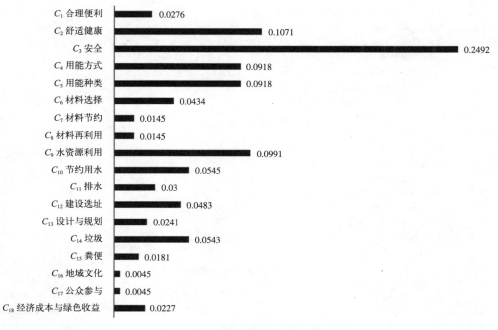

图 5-2　二级指标权重分布

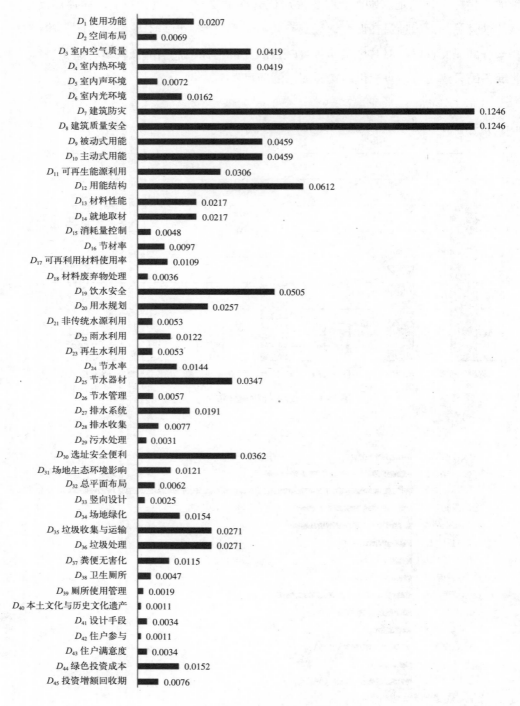

图 5-3　三级指标权重分布

5.4 西北民居绿色评价

5.4.1 评价方法选择

目前常见的绿色建筑评价方法分两类。

一类评价方法基于权重与专家，本书在第三章中讨论过的评价体系，都采用这种评价方法。这种评价方法通过权重来实现统一的比较与评价尺度，操作简单易行，是主流的评价方法。

另一类评价方法，则引用"基于自然的清单考察"[①]概念，将建筑所有的消耗直接折算为统一的单位，加以量化、比较和评价。如"生态足迹"、"二氧化碳排放量"、甚至"货币"。这种评价方法不依赖于专家，结果公正，而且针对性强，也是目前被提倡的方法。

西北绿色民居评价方法基于西北绿色民居在建设、推广中的现状确定。如前文所述，西北绿色民居评价的目的不是为了激励某种市场性的推广，也并非精确度量其环境性能。因此评价方法不需要追求某种特定的、精确量化的折算单位——如计算"生态足迹"（Ecological Footprint Analysis）等，而是需要通过评估，反映西北乡村绿色民居在建设中，各个环节的不足与优势，使评价结果能够清晰、直接地成为西北乡村民居建设的反馈信息。

因此，本书排除第二类评价方法，选择第一类评价方法。结合权重的专家打分法，最大优势为，缺乏足够的统计数据与原始资料时，也可以作出定量的评估。设立权重的目的是为了体现各指标在评价体系中的作用以及各自的重要程度。该评价方法操作简单，评价结果直观，适合西北绿色民居的评价。

5.4.2 评价结果的理解与运用

评价结果是在一定条件下得出的，因此同时具有绝对性和相对性。就一定的对象、指标、方法等条件来说，评价结果有其绝对性；但当这些外在因素发生变化后，评价结果就会显示出相对性。因此，客观地看待评价结果有助于我们恰如其分地运用评价结果。

在促进西北乡村绿色民居建设的过程中，适当地运用综合评价这一手段，客观对待评价结果，能起到激励先进、鞭策后进、正确引导的作用；可是滥用这一手段，或者在运用中违反客观公正的原则都会适得其反。

西北民居绿色评价是对被评价对象——西北民居，在"生态化程度"上作出整

---

① 绿色建筑论坛.绿色建筑评估[M].北京：中国建筑工业出版社，2009：277。

体性评价，辩证地看待评价结果有助于恰如其分地运用评价结果。

不同的目的下，评价对象特性会存在有很大的差别。例如，对西北民居作出的评价，其评价的可能是鼓励低成本易推广的适宜性技术的生态特性，也可能是为鼓励创新，而不计成本倡导高新节能技术的绿色建筑性能。因此，西北民居的综合绿色评价，不应当包含评价目标以外的信息。例如，不能因为被评对象民居 A 的节能总量高于民居 B，就断定民居 A 的居住舒适性优于民居 B。

对本书的研究来说，评价推广的目的是以鼓励、示范为主，并且力求评价结果可以反馈到建设环节，体系设计较精简。但是，如果只通过总分比较评价对象之间的优劣，就会带来以个别简单项目的高分抵消其他项目得低分的情况。因此，评价结果应当对应评分表，通过"得分点"与"失分点"分析，发现评价对象的问题，为未来提供指导意见，而不是只得出评价总分了事。

5.5　小结

在本章中通过德尔斐（Delphi）法和层次分析法（AHP）两者相结合的方法，以安全、健康、节水、节能的基本优劣次序，基于乡村民居建设的现状，对西北民居绿色评价指标体系进行基本排序，得出评价指标的权重体系。

得出权重后，加权线性和法打分公式为：

$$x = \sum_{i=1}^{n} w_i x_i$$

式中　w_i ——各指标的权重值；

　　　x_i ——各指标评价得分值；

　　　x ——综合评价得分；

　　　n ——评价指标数量。

如前文所述，本研究评价值量化为五级定标，即"1、2、3、4、5"分别对应"差、不合格、合格、良、优"。因此，各单项指标评价值为 5 分，以 3 分为及格分数，所有指标权重之和为 1，评价总分为 5 分。

6 西北民居绿色评价实例

6.1 评价对象简介

碱富桥村位于宁夏回族自治区银川市兴庆区掌政镇东部，该示范工程选址具有鲜明的西北地区地域特征，是国家"十一五"科技支撑计划重大项目《村镇小康住宅关键技术研究与示范》的子课题之一——《宁夏村镇住宅可再生能源利用技术开发》（2006 BAJO4A18）的示范工程。

示范点位于银川市郊区，其固有的西北荒漠化地区特点十分鲜明，地处内陆，气候寒冷干燥，常年风沙较大，经济发展水平滞后，宗教文化复杂。但是银川平原受黄河滋养，地势平坦开阔，日照充足，自古以来就有"塞上江南"的美誉，是重要的农林牧渔生产区。因此，虽然该示范点选址位于西北荒漠化地区，但相较而言自然环境条件较好（图6-1）。

该地区建筑热工分区属于寒冷地区。典型气候特征为：阳光充沛强烈；干旱少雨，蒸发强烈；温度日较差和年较差大；冬季寒冷漫长，夏季凉爽短暂。年平均气温约为8.9℃，12月平均温度-6.7℃。太阳能资源方面，年日照时间3000h，12月平均每天日照时数6.8h，水平面12月平均日辐射量2.525kWh／（m²·d）。

为配合宁夏回族自治区危房改造、新农村建设的行动，合并自然村，提高生活配套标准，采用异地新建的方式，村庄旧貌见图6-2、图6-3。规划用地共征地22.45hm²，261户，建筑面积约4.9万m²。规划总户数用地范围在惠农渠、银横公路、排水沟三面为界的区域内，向西南方向至鱼池边界，居住部分离开银横公路50m，之间通过绿化带隔离（图6-4、图6-5）。

图6-1　项目选址环境
来源：作者自摄

图 6-2　碱富桥村庄旧貌
来源：西安建筑科技大学绿色建筑研究中心课题组

图 6-3　碱富桥村民居旧貌
来源：西安建筑科技大学绿色建筑研究中心课题组

图 6-4　碱富桥村生态示范区总平面图
来源：西安建筑科技大学绿色建筑研究中心课题组

图 6-5　碱富桥村生态示范区总体鸟瞰图
来源：西安建筑科技大学绿色建筑研究中心课题组

　　该项目在技术方面，需要解决西北干旱半干旱地区居住建筑抵御冬季严寒，提高室内舒适度，节约常规能源消耗，增加住区活动设施，美化居住环境，有效控制建设投资和使用成本的普遍性要求。

　　在经济方面，需要解决能耗大、效率低与经济发展水平低、可用资金有限的矛盾，这里经济发展水平低，农业生产为主，人均年收入不到4000元的状况，优化筛选经济适宜的技术措施，有效控制造价的同时不损失居住舒适度的方案。另一方面，自发建设的住宅冬季采暖能耗大，建筑质量差，安全性难以得到保证，有限的资金得不到有效利用。

　　本研究的评价对象为一期项目中的一户住宅（图6-6～图6-10）。

图6-6　评价对象效果图
来源：西安建筑科技大学绿色建筑研究中心课题组

图6-7　评价对象夏季实景
来源：作者自摄

图6-8　评价对象冬季实景
来源：作者自摄

图6-9　夏季住区环境
来源：作者自摄

图6-10　施工建设现场
来源：西安建筑科技大学绿色建筑研究中心课题组

6.2 各分项评价过程

6.2.1 居住质量项目评价

该项目具体评价过程详见表6-1。

居住质量项目评价
表6-1

评价准则	评价内容/评价说明	得分	总分
使用功能D_1	1.考虑生活与劳作需要，合理组织各功能空间的布局，保证功能适用齐全。 新方案面向现代生活的发展现状，丰富和完善了使用功能，并增设厨房、卫生间、储藏室，以满足生活劳作的各种需要。	5	4.5
	2.结合家庭人员结构，组织房间。 受访住户为4口之家，根据家庭成员组成结合等因素，确定户型组成。	5	
	3.功能配置合理，洁污分区、干湿分区明确，保证舒适与卫生。 厨房、卫生间与起居、寝卧房间分南北布置，分区明确，主要居住房间冬季明亮温暖，受访住户表示满意。	5	
	4.设计预见生活和生产发展，具有灵活性，保证民居的可持续改造。 设计未考虑此要求。	3	
空间布局D_2	1.各房间平面尺度适宜，面积分配合理。 主要功能房间面朝南向，面积分配合理，受访住户表示满意。	5	5
	2.各房间门窗位置适当，墙面完整，利于家具布置摆放。 各房间布局利于使用，受访住户表示满意。	5	
	3.层高合理，既满足使用需要，又满足节能标准体形系数要求。 层高控制在3.3m，体形系数控制为0.73。	5	
室内空气质量D_3	1.空气质量符合室内《室内空气质量标准》（GB/T 18883—2002），室内通风良好。 室内空气质量良好，符合规范中强条要求。	5	5
	2.室内游离空气污染物浓度符合现行国家标准《民用建筑室内环境污染控制规范》（GB 50325—2010）的规定。 室内污染物的浓度，符合规范中强条要求。	5	
	3.居住与炊事空间可以自然通风，通风开口面积不小于该房间地板面积的5%。 需要通风的房间窗地比大于5%。	5	
	4.厨卫下水系统，能够防止串气和气味上泛的设备与措施。 厨卫下水无异味。	5	
室内热环境D_4	室内热环境 墙体总传热系数为$K=0.295$ W/(m²·K)，屋顶传热系数为$K=0.278$ W/(m²·K)，具有良好的导热系数，室内无结露；室内设计温度取值14～15℃；但是室温不可调。	4	4

续表

评价准则	评价内容/评价说明	得分	总分
室内声环境 D_5	室内声环境 　居住者的主观评价结果均为满意，但是无有效隔声减噪措施。	3	3
室内光环境 D_6	室内光环境 　各主要房间充分利用自然光，光线充足，但是评价时无条件进行光环境测试，主观问询时住户均表示满意。	2	2
建筑防灾 D_7	1.选址避开洪灾、泥石流等自然灾害威胁。 　建筑选址为当地传统农业生产地，居住选址符合评价要求。	5	4.6
	2.根据所在地区灾害环境和可能发生灾害的类型布局灾害防御，包括地震、泥石流、山洪与内涝、滑坡、防风、雪灾与冻融、雷暴等，并符合现行相关的国家标准与规范的有关规定。 　建筑选址位于银川平原，无泥石流、山洪、滑坡等自然灾害隐患，对雪灾与冻融，符合评价要求。	5	
	3.按照国家有关规定配置消防、通道分区、用水、设施等，符合现行国家标准《建筑设计防火规范》（GB 500016）及农村建筑防火的有关规定。 　符合《建筑设计防火规范》（GB 500016）与农村建筑防火的相关规定中的强制性条文，但设施不全。	5	
	4.建筑设计符合现行《建筑抗震设计规范》（GB 50011），《建筑地基基础设计规范》（GB 50007）的有关规定。 　作为八度抗震区，采取了有效的抗震措施。	5	
	5.综合考虑各种灾害的防御要求，统筹进行避灾疏散场所与避灾疏散道路的安排，保证临灾预报发布后或灾害发生时疏散人员安全撤离。 　基地疏散道路畅通，但是没有避灾场所。	3	
建筑质量安全 D_8	1.原材料、半成品和构配件具备完整的产品合格证、技术说明书、质量检验报告，同时具有当地建设行政部门签发的准用证。 　作为示范项目，建筑质量安全有保障，根据施工文件，符合评价要求。	5	4.5
	2.施工所用各种材料及混凝土(砂浆)的配合比、梁柱墙等成品构件强度正常和稳定，满足设计和规范。 　根据施工文件，符合评价要求。	4	
	3.施工技术措施具有针对性和有效性，如地基基础、主体、屋面、设备安装以及冬雨季施工的质量保证措施的可靠性和预见性。 　根据施工文件，符合评价要求。	4	
	4.完整的质量监督工作程序和施工管理办法。 　根据施工文件，符合评价要求。	5	

评价说明

使用功能 D_1：由南向的客厅与北向的厨卫空间一起组成银川乡村民居建筑的核

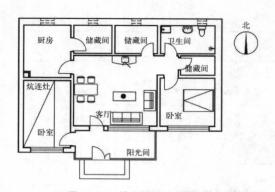

图6-11 被评价住宅平面图
来源：西安建筑科技大学绿色建筑研究中心课题组

心空间模式，周边根据需要灵活增加生活或者生产性内容（图6-11）。东、西山墙面不开窗，可以在两侧增加房间满足发展需要，但是该户建筑布局为连排，宅基地条件也不许可。

空间布局 D_2：受访住户均对建筑空间布局表示满意，乡村生活多喜好"高大、敞亮"的居住空间，自建房屋层高多在3.6m左右，不但空间感受不佳，建筑能耗也大。作为评价对象的该户建筑，层高为3.3m，室内净高控制在3m以内，体形系数为0.73。需要说明的是，乡村民居普遍为独栋，虽然本住宅为联排，但是错列布置，体形系数仍大于城市集中住宅。

室内空气质量 D_3：房间通风良好，装修简单，室内空气质量与游离污染物浓度不高，符合规范要求。

室内热环境 D_4：墙体加大北向和东西向墙体厚度和保温层（草砖），总传热系数为 $K=0.295$ W/（$m^2 \cdot K$）屋面构造为坡屋面加聚苯板，传热系数为 $K=0.278$ W/（$m^2 \cdot K$）。

房间平均室内计算温度，根据银川当地建筑节能标准，应取值16℃，但该温度对于乡村建筑来说标准偏高，参考《严寒和寒冷地区农村住房节能技术导则》，条文3.3.1中提出"舒适的采暖温度为14～15℃"，取值为15℃；

室内声环境 D_5：出于乡村喜好热闹的生活习惯，住户对生产、生活中嘈杂并不在意，访问时被问及也表现得极不敏感，但是由于居住密度远远低于城市住宅，因此噪声问题并不突出，生活噪声远低于城市环境平均水平，子女的学习环境也能够得到充分保障。

室内光环境 D_6：当地日照资源丰富，南向房间由于设置了太阳能受益窗，起居、居住空间内光线明亮。北向辅助房间为避免热损失，减少了开窗面积，光线较差。但住户均表示并不太在意辅助用房采光，总体较满意。该项目评价时无条件做光环境测试。

建筑防灾 D_7：该项目选址为银川平原的农业生产区，地势平坦开阔，土地肥沃，水利资源丰富，历史上就是农林牧渔生产区，自然灾害的隐患并不大。但是在主观问询时，住户普遍缺乏防灾意识，村庄中集中配置的消防设施多被弃置，无人重视。

建筑质量安全 D_8：该项目为示范工程，配合宁夏回族自治区危房改造、新农村建设的政策，采用异地新建的方式，部分资金由政府筹措。在统一设计的基础上，采取统一施工的方式，有资质的施工企业在质量和成本控制方面较个人自发建房有明显优势，并且保证了示范项目的顺利按图实施，同时，由村民组成的委员会委托的监理企业负责监督工程质量。因此，建筑质量能够得到充分保证。

6.2.2　能源项目评价

该项目具体评价过程详见表6-2。

表6-2

能源项目评价

评价准则	评价内容/评价说明	得分	总分
被动用能 D_9	1.设计有利于改善夏季室内热环境。如:采用自然通风方式,结合有效的遮阳措施等。 　建筑错列布置,增大建筑面向夏季主导风向;建筑布局减少场地北向迎风面,住区道路避免南北对开,避开冬季主导风向。	5	4.75
	2.设计有利于提高冬季室内热舒适度。如:充分利用天然采光和冬季日照,利用场地自然条件合理设计建筑体形、朝向、楼距和窗墙面积比,采用被动式太阳房等。 　充分考虑当地冬季寒冷漫长的气候条件组织建筑空间,如通过设置辅助用房作为北向、西向气候缓冲层。建筑设计北向轮廓平整,减少表面积过大造成的失热;南向增加得热面,争取通过被动式吸收阳光提高建筑温度,效果显著。	5	
	3.通过绿化、水体、地形等外部条件,进行防风、遮阳、蒸发降温,创造适宜的建筑环境,并提高建筑室内舒适度。 　水体景观布置在住宅东南侧,与夏季主导风向一致,户外场所被降低局部地面标高,避风纳阳;宅前空地栽植绿篱,冬季阻挡风寒,夏季庇护阴凉。	5	
	4.采用增强建筑围护结构保温隔热性能和提高采暖能效的措施,住宅围护结构热工性能指标符合国家和地方居住建筑节能标准的规定。 　加大北向和东西向墙体厚度和保温层,经计算,耗热量指标为22.25W/m²,耗煤量指标为15.01kg/m²,基本符合设计标准要求。	4	
主动节能 D_{10}	1.按户设置电能计量装置。 　有安装电表。	5	4.7
	2.选用节能高效照明灯具及其电器附件和配线器材,避免使用白炽灯。 　所有灯具为节能灯器。	5	
	3.在采暖和炊事中选用效率高的生活用能设备,如高效炉具、改良火炕等。 　使用高效采暖炉具。	4	
可再生能源利用 D_{11}	可再生能源使用 　可再生能源的使用占建筑总能耗的比例大于5%,使用被动式太阳能辅助采暖,使用省柴节煤炉,供热水能源也为太阳能。	4	4.5
用能结构 D_{12}	用能结构 　有多种生活用能方式,因生活需要确定采用能源的形式。例如炊事、热水等使用天然气、太阳能,采暖采用燃煤结合被动太阳能辅助热源。	4	4

评价说明

被动用能 D_9：建筑错列布置，增大建筑面向夏季主导风向——东南风的迎风面；长短建筑结合布置，尽量使多数院落开口迎向夏季主导风向，北向利用成片成丛的绿化阻挡或者引导气流,改善建筑组群气流状况。住区道路避免南北对开,形成风口。

选择坐北朝南,东西轴长、南北轴短的平面形状,用南墙作为太阳能集热面。北面布置次要房间,南向墙面布置主要房间,使北面房间形成室内温度缓冲区。北向轮廓尽量平整,减小因表面积过大造成的散热;南向适当增加凸凹变化,增加得热面,争取通过被动式吸收阳光提高建筑温度。主入口放在南向背风处,且门斗与阳光间相结合,在室内外空间之间形成一道过渡空间,阳关间兼门斗的设置对主要房间而言形成了一个气候缓冲层,减小了外界对起居空间的波动(见图6-12、图6-13)。

图6-12　冬季阳光间
来源:作者自摄

图6-13　冬季阳光间
来源:作者自摄

图6-14　户外环境
来源:作者自摄

设计为以水院和绿荫为中心的建筑室外景观,并将其布置在社区东南侧,与夏季主导风向一致,在多风少雨干热的夏季干热空气引入封闭庭院,掠过水体和绿茵,创造温度差以产生凉爽的空气流(图6-14)。

根据测试与计算,新建民居的耗热量指标为22.25W/m²,耗煤量指标为15.01kg/m²,基本满足《严寒和寒冷地区居住建筑节能设计标准》(JGJ 26—2010)、《民用建筑节能设计标准(采暖居住建筑部分)宁夏地区实施细则》(DB 047—1999)关于银川地区耗热量指标的规定为21W/m²,耗煤量指标为15.28 kg/m²的规定(由于乡村民居普遍为独栋,体形系数偏大,因此该标准对乡村民居来说略偏高)。

主动节能 D_{10}：通过高效设备，能够减少常规商品能的使用，与降低居住费用直接挂钩，很容易被住户接受。

可再生能源利用 D_{11}：选址地区太阳能资源丰富，具有得天独厚的条件，南向阳光间，直接受益窗的效果显著。合理控制、加大南向窗墙面积比（本方案为36% ~ 42%），加大通过玻璃窗的太阳能得热；南向太阳能直接受益窗和附加阳光间的设置，在提高室内温度的同时，还改善了室内采光与通风条件。同时，生活热水用能以太阳能为主，使用省柴节煤炉灶。

用能结构 D_{12}：本地所用能源结构正在发生转换。由于附近养殖业的发展，干稻草被以 400 元/t 的价格收购走，造成了生活、采暖用能转向商品能的趋势。当地多为石嘴山产无烟煤，价格约为 1000 元/t，对住户来说价格昂贵。推广太阳能可有效降低冬季采暖费用，同时鼓励住户在需要低温慢热、长时间保持余温的设施上，使用秸秆这种低品相能源（如烧炕），更可降低费用。

6.2.3 材料资源项目评价

该项目具体评价过程，详见表6-3。

材料资源项目评价

表6-3

评价准则	评价内容/评价说明	得分	总分
材料性能 D_{13}	1.采用集约化生产的建筑材料、构件和部品，减少现场加工。 未采用现场加工建材。	3	3.75
	2.使用耐久性好的建筑材料，如高强度钢、高性能混凝土、高性能混凝土外加剂等，与高性能、低材耗、耐久性好的新型建筑结构体系。 选用耐久性好的建材。	3	
	3.选用可降解的低环境负荷材料。 利用草砖做保温材料，节本降耗。	4	
	4.禁止使用国家有关部门颁布的《淘汰落后生产能力、工艺和产品目录》中限制或淘汰使用的材料与产品。室内装饰装修材料满足相应产品质量国家或行业要求。 建筑材料选用均符合以上评价要求。	5	
就地取材 D_{14}	L_m值 考虑到材料的易得性和经济性，选择了粉煤灰蒸压空心砖作为墙体主材，草砖作为保温材料，$L_m \geqslant 50\%$。	5	5
消耗量控制 D_{15}	建材消耗量 适当考虑采用建材消耗量小的结构形式，未能统筹考虑施工与装修材料消耗。	2	2
节材率 D_{16}	实际建材消耗量与计算建材消耗量的比值 根据施工文件与设计文件计算，此比值控制在3%以内，但施工计算较粗略。	3	3
可再利用材料使用 D_{17}	可再利用材料使用率 R_u值 未选用旧建材，也未选用可再次利用的新建材。	1	1
材料废弃物处理 D_{18}	材料废弃物回收与利用 无法进行评价，无施工时的相关文件。	1	1

评价说明

材料性能 D_{13}：该项目施工环节规范，建筑材料的选择满足行业质量要求。其中粉煤灰蒸压空心砖容重为 800～900kg/m³，导热系数为 1.056w/（m·K）；利用草砖技术，节本降耗，草砖导热系数非常低，可达到 0.113～0.117w/（m·K），能降低建筑采暖能耗节约取暖成本。

建筑构造层次为，墙体：防潮层上侧：240mm 粉煤灰砖，外刷沥青隔汽层，砌 250mm 草砖，草砖表面钉铁丝网水泥砂浆抹灰。墙身防潮层下侧：房屋内侧 240mm，外侧 180mm 粉煤灰砖，中间搁置 80mm 聚苯板。墙体总传热系数 $K=0.295$ W/（m²·K）。

屋顶：100mm 厚钢筋混凝土屋面板（2% 坡度），上铺 100mm 厚 EPS 保温层，水泥砂浆找平层，最薄处不少于 25mm，改性沥青卷材防水层，传热系数 $K=0.278$ W/（m²·K）。

地面：素土夯实，传热系数 $K=1.454$；距离外墙内表面 2000mm，范围，铺 300mm 煤渣保温层（隔绝冷桥），上铺 60mm 素混凝土地面结构层，20mm 水泥砂浆找平，传热系数 $K=0.790$ W/（m²·K）（图 6-15）。

门窗：单框双玻塑钢窗，加强密封处理防止门窗缝透风，传热系数 $K=3.0$ W/（m²·K）。双层窗在室内一侧加强严密，在室外一侧适当留有小孔或者缝隙，避免外窗玻璃的内表面出现结露或冰霜。

就地取材 D_{14}：宁东地区有大型火力发电站，产生大量的粉煤灰和煤矸石，当地企业将这些工业废弃物再加工形成了新型建材；项目所在地银川平原地区，小麦、水稻、玉米是主要农作物，而农作物收割后的被废弃的麦秸、稻草、秸秆等，是非常理想的绿色建筑材料（图 6-16）。

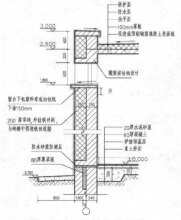

图 6-15　围护结构构造

来源：西安建筑科技大学绿色建筑研究中心课题组

图 6-16　建造中的草砖房

来源：作者自摄

消耗量控制 D_{15}：没有相关的设计与施工文件，因此评价为未能统筹考虑施工与装修材料消耗。

节材率 D_{16}：根据施工与设计文件计算得出。

可再利用材料使用 D_{17}：关于可再利用材料的选择与使用，设计与施工没有相关文件，但是当地住户对住房十分重视，在意见征询阶段，都表示在预算允许的条件先，乐意选择耐久性、强度好的建筑材料。

材料废弃物处理 D_{18}：没有相关的设计与施工文件，因此评价为不合格。对于材料废弃物处理，施工方资料不详，但是被部分住户出于节约的生活方式，当成垃圾收集，堆放在院落中搭建存物棚或者铺院中小路（见"垃圾处理 D_{36}"评价说明）。

6.2.4　水资源项目评价

该项目具体评价过程见表6-4。

<table>
<tr><td colspan="4" style="text-align:center">水资源项目</td><td>表6-4</td></tr>
<tr><td>评价准则</td><td colspan="2">评价内容/评价说明</td><td>得分</td><td>总分</td></tr>
<tr><td>饮水安全 D_{19}</td><td colspan="2">生活饮用水质量与供水量
　接通市政自来水，生活饮用水质量能够得到保证。</td><td>4</td><td>4</td></tr>
<tr><td rowspan="4">用水规划 D_{20}</td><td colspan="2">1.给水方式应根据当地水源条件、能源条件、经济条件、技术水平及规划要求等因素进行方案综合比较后确定。
　给水方式根据当地水资源条件确定。</td><td>5</td><td rowspan="4">4.75</td></tr>
<tr><td colspan="2">2.制定节水方案，合理规划用水目标水量，以及适合西北乡村的雨水、再生水收集与利用方案。
　用水规划阶段，制定了合理的节水方案。</td><td>4</td></tr>
<tr><td colspan="2">3.制定水量平衡方案，各用水目标水量设计合理。
　水量平衡方案设计合理。</td><td>5</td></tr>
<tr><td colspan="2">4.通过经济技术比较，因地制宜采用管理便捷、经济合理的用水方案，降低运行费用，提高效率。
　用水方案经济有效，因地制宜。</td><td>5</td></tr>
<tr><td>非传统水源利用 D_{21}</td><td colspan="2">非传统水源利用率
　在方案、规划阶段制定用水系统规划方案，统筹考虑传统与非传统水源的利用。</td><td>3</td><td>3</td></tr>
<tr><td>雨水利用 D_{22}</td><td colspan="2">如果通过合理技术经济比较与当地气候条件分析，没有条件设置雨水收集方案，也可视为及格。
　当地降水量较低，且蒸发量高，因此建立雨水收集措施，投资回收期较长。同时，位于黄河滩地，当地并非缺水地区。因此不适宜作雨水收集。</td><td>3</td><td>3</td></tr>
</table>

评价准则	评价内容/评价说明	得分	总分
再生水利用 D_{23}	1.根据回用目标确定再生水的水质标准。 　未制定再生水使用标准。	1	2
	2.因地制宜，合理选择再生水水源和处理技术。 　再生水水源确定适宜，但是未能作处理。	1	
	3.尽量避免再生水入户，如再生水入户使用，需保证再生水对人体健康不 构成潜在危害。 　再生水不入户。	3	
	4.在道路与庭院洒扫、洗车、消防中使用再生水。 　在庭院洒扫中使用再生水。	3	
节水率 D_{24}	节水率 　节水率约15%。	3	3
节水器材 D_{25}	1.采用节水型家用电器。 　使用节水家电。	5	4.7
	2.选用节能、可靠的节水设备与器材，符合《节水型生活用水器具规定》 （CJ 164—2002）规定。 　使用节水器材。	4	
	3.每户管线均安装水表。 　管线安装水表。	5	
节水管理 D_{26}	1.制定管理制度、运行计划和操作规程。 　无村庄节水管理制度。	1	2.3
	2.定期检查雨水收集设施、再生水回用设施，避免不良气味与细菌滋生。 　出于住户生活习惯，不定期清理。	3	
	3.定期检测阀门、管道，采取有效措施避免管网漏损。 　不定期检查管网。	3	
排水系统 D_{27}	排水系统 　排水收集系统欠完善，生活污水排放无序。	2	2
排水收集 D_{28}	1.雨污分流时的雨水排入村庄水系，雨污分流时的污水、雨污合流时的合 流污水输送至污水处理站，或排入村庄水系的低质水体。 　未能做到排水处理。	2	2.5
	2.雨水有序排放，污水有序暗流排放。 　雨水、污水排放不能做到暗流排放。	2	
	3.排水收集系统因地制宜，沟渠利用地形，及时就近排出。 　能够做到就近、因地势排水。	3	
	4.排水收集系统定期清理维护，无淤积堵塞。 　定期清理排水沟。	3	
污水处理 D_{29}	1.污水处理因地制宜选择经济适用的生化处理技术，或者经验成熟的处理 技术（如人工湿地、生物滤池或稳定塘等）。 　缺乏村庄污水处理措施。	1	1
	2.村庄污水处理站选址在夏季主导风向下方、村庄水系下游，靠近受纳水 体或农田灌溉区。 　缺乏村庄污水处理措施。	1	
	3.污水处理站出水符合国家标准《城镇污水处理厂污染物排放标准》（GB 18918—2002）有关规定。 　缺乏村庄污水处理措施。	1	

评价说明

饮水安全 D_{19}：在建设之前不通自来水，传统上村民主要使用水泵抽取浅层地下水，水质较差，经取样化验表明：pH=8，氨氮含量、铁锰离子含量显著高于健康饮水标准。本次建设接通市政自来水。

用水规划 D_{20}：根据设计文件确定，得出评价结果。

非传统水源利用 D_{21}：在方案、规划阶段制定用水系统规划方案，统筹考虑了传统与非传统水源的利用。但是在实际居住时，效果并不好。

雨水利用 D_{22}：银川地区年平均降水量在 300mm 以下，蒸发量高达 1200mm。降水主要集中在 7、8 月份。年降雨量大于 500mm 时，建设雨水收集系统在经济上才有价值。若每户按照宅基地 0.4 亩（约合 267m²）100% 的收集效率，则年收集雨水总量不足 80m³。每年可节约雨水 160 元。建设一套最简易的雨水收集与储存系统的投资约为 3000 元，意味着 18.8 年才能收回成本。所以，从经济投入与效益的角度看，不适合投资过大建设雨水收集设备。但是在通过设计阶段与住户的沟通，当地住户有意愿通过自建的简单雨水收集，节约自来水的用量。

再生水利用 D_{23}：再生水使用的设备与系统对住户来说价格偏高，但是当地住户普遍意识不到自来水对健康的重要性，即使费用不多，也不愿意支付。所以出于节约的生活习惯会将部分洗菜等生活用水沉淀后再用来洒扫，无意中利用再生水，但并非每位家庭成员都愿意这样做。

节水率 D_{24}：虽然节水率评价结果为及格，但是部分是因为估算用水定额时偏高，而单户民居实际自来水用量比预计低，还有部分是由于节水器材的使用，雨水、再生水等水源对该指标评价贡献不突出。

节水器材 D_{25}：常规节水器材普遍被接受。

节水管理 D_{26}：没有村庄中的统一管理，各户对自己家的设备管线负责。

排水系统 D_{27}：市政排水管网没能通达村庄，生活用水直接泼洒在地上，或是通过屋后的水沟排出村庄。

排水收集 D_{28}：如上（图 6-17）。

污水处理 D_{29}：没有污水处理设施，无论是个人还是村集体，多不愿意出资建设排水与污水处理的生态措施。

图 6-17 村中污水乱排
来源：作者自摄

6.2.5 土地资源项目评价

该项目具体评价过程，详见表6-5。

土地资源项目评价 表6-5

评价准则	评价内容/评价说明	得分	总分
选址安全便利 D_{30}	1.选址不占用耕地、林地。 选址未占用耕地与林地。	5	4.3
	2.选址避开地质与水文状况的负面影响，避开水源保护区。 选址接近黄河河滩，地下水位较高。	3	
	3.选址避开污染源的下风或者下游方向，建设用地安全范围内无电磁辐射危害和火、爆、有毒物质等危险源及含氡土壤的威胁。 满足评价条件。	5	
场地生态环境影响 D_{31}	1.场地及周边生态环境得到保护，质量不因建设而降低。 场地选址在原有宅基地上，不会因为新建破坏原有生态环境。	4	4
	2.原有地形地貌以及水体水系，地下水位，不因建设而受到破坏。 满足评价条件，对场地内的芦苇塘妥善保护。	4	
	3.场地及周边生物多样性以及生存环境得到保护，不因建设而降低。 满足评价条件。	4	
总平面布局 D_{32}	1.建筑总平面与布局结合用地地形，因地制宜、合理有效利用基地，减少土地浪费。 总平面布局紧凑，采用联排的方式。	5	5
	2.根据宅基地条件，合理分配房间，保证内部功能与外部环境协调，建筑面积比例适当，体形集中、紧凑。 室内建筑面积分配合理，重要房间布置在向阳面，功能能与环境协调，建筑体形系数控制为0.73。	5	
	3.合理有效利用基地自然条件，并通过建筑布局创造良好的场地小气候，保证满足日照标准、采光和通风的要求。 建筑布局顺应基地条件，同时严格根据规范根据日照、风向等因素安排建筑布局与房屋朝向。	5	
	4.场地内出入口设置与道路交通组织合理方便。 场地紧邻银横公路，场地出入口交通便利，并通过绿化带阻隔交通噪声。	5	
竖向设计 D_{33}	1.充分利用自然地形，尽可能维持原有场地的地形地貌。 顺应原有地形北高南低的地貌。	5	4.7
	2.减少场地平整所带来的工程量，减少土方量，尽量就地平衡。 地下水位较高，需要避免潮湿侵蚀墙体。但是该建筑强化基础防潮构造做法，没有因为抬高地基而增加土方量。	4	
	3.统筹考虑室内外标高与周边道路、庭院的关系，保证地面排水通畅。 地面排水畅通。	5	
场地绿化 D_{34}	场地绿化率 场地绿化调节微气候，住宅北面有降低冷风风速的绿化，南墙有爬藤植物，南侧种植乔木夏季遮蔽阴凉，冬季抵御风沙。	5	5

评价说明

选址安全便利 D_{30}：选址位于银川市东部，距银川市市区约 9km，自秦汉以来，就是农业灌溉区。区内地形平坦，但由于坡降较缓，排水欠佳，地下水位高。地处黄河滩地，受河水冲积，土壤表层为腐殖土，由于长期来的耕作，土壤肥力较好，厚度约为 1m 左右，下层为黄河河滩冲击而成的细砂层，承载力非常高。

图 6-18　项目建设选址
来源：西安建筑科技大学绿色建筑研究中心课题组

场地生态环境影响 D_{31}：选址位于银川平原，地处黄河灌区下游，主要分布大片耕地和灌溉渠道，建设用地西北面 2km 处有国家级翠鸣湖湿地公园和大片水塘、池沼，生态状况理想，环境条件随季节变化大，冬季天气寒冷，不再引水，土壤干燥，植物凋零；夏季灌溉渠道、池沼周边水草丰沛。生态环境未因为建设而受到影响（图 6-18）。

总平面布局 D_{32}：地处黄河湿地，地广人稀，土地资源相对充裕，长期以来对宅基地占地面积的控制相对宽松，土地因素不敏感，但是通过合理规划和设计，民居建筑节地的潜力巨大。

碱富桥村原有农户宅基地占地较大，新建民居户型结构在减小了面宽的同时增加了进深，从而节约了土地面积。除公共设施占地外，新宅基地约为 0.42 亩，折合 280m²。与原有民居占地相比，大约节约一半以，通过集中建设可整理出大量土地用于复垦或作为村集体从事工商业加工使用。按照规划总户数 228 户计算，假设以前的宅基地平均占地为 1 亩，则新建住区可节省约 132.3 亩土地，这部分土地可通过资金补偿返还农户，用于改善居住生活。

采用联排式的组合方式，以减小体形系数和控制能耗，从农村生产生活习惯、相对独立的生产关系等角度看，多户联排困难很大。因此，在规划设计中，灵活采用了几种形式：独栋、两栋左右相连、无保户多户联排等。

竖向设计 D_{33}：在场地条件方面，由于处于黄河滩地，西北高、东南低，地形北高南低，居住建筑正好符合这种地形特点，有利于减小冬季寒风的不利影响。

场地绿化 D_{34}：为强化北高南低、向阳避风的效果，每栋住宅北面 1～2m 处密集地种植松树等常绿植物以降低风俗、从而减小冬季冷风对建筑的不利影响。宅前空地栽植低矮灌木绿篱，夏季阻挡南向日光的曝晒，庇护阴凉。

6.2.6 生活废弃物项目评价

该项目具体评价过程，详见表6-6。

生活废弃物项目评价 表6-6

评价准则	评价内容/评价说明	得分	总分
垃圾收集与运输D_{35}	垃圾分类收集与运输 　　未对垃圾进行分类	2	2
垃圾处理D_{36}	1.可生物降解的有机垃圾单独收集后就地处理，结合粪便、污泥及秸秆等农业废弃物进行资源化处理， 　　未将可降解的垃圾单独处理。	2	1.7
	2. 砖、瓦、石块、渣土等无机垃圾能够作为建筑材料进行回收利用；未能回收利用的砖、瓦、石块、渣土等无机垃圾可在土地整理时回填使用。 　　建设与生活中产生的无机垃圾部分被无序丢弃，部分被住户出于节省的生活习惯，存放于自家院落，用于铺路或搭建储物棚。	2	
	3.垃圾填埋场选址对环境无负面影响。 　　没有垃圾集中填埋场地，将垃圾集中堆放在村中角落，环境负面影响较大。	1	
粪便无害化D_{37}	粪便无害化处理 　　没有做专门无害化处理。	2	2
卫生厕所D_{38}	卫生厕所建造与管理 　　虽然在设计时卫生间为室内水厕，但在使用时下水问题难以解决，所以在户外搭建简易旱厕，不满足规范要求卫生厕所条件。	2	2
厕所使用管理D_{39}	1.根据不同厕所模式，选择相应卫生管理模式。 　　没有良好的卫生厕所管理习惯。	2	2.7
	2.污物随时清扫，塑料与不可降解物、有毒有害不投入厕坑。 　　难以做到随时清扫污物，但是能保证厕坑内	4	
	3.避免粪便裸露，控制蚊蝇滋生、减少厕所臭味。 　　户厕的粪便裸露，甚至对儿童、家禽、牲畜的粪便在院落中不处理。	2	

评价说明

垃圾收集与运输 D_{35}：垃圾的收集与运输需要以村庄集体为单位，进行集中统一的管理。在本项目的评价中，该项工作进行得很不好。一方面也许是因为，作为分期执行的项目，仅有一部分村民开始搬迁入住，完整的集体管理制度未建立，另一方面则是因为，多数住户意识不到该指标的重要性，只愿意负责自家环境，不愿意承担环境负荷的公共责任。

垃圾处理 D_{36}：对可生物降解的垃圾进行处理，需要对垃圾进行分类，在村庄缺乏集中处理的环境下，需要住户自己将垃圾分类。住户生活垃圾数量有限，几乎没有意愿主动进行垃圾降解。即使个别住户会为菜园沤肥，也并非每一户都如此。本户作为评价对象就选择使用价格便宜的化肥。

无机垃圾也同样被无序丢弃，仅有部分完整的建筑垃圾被住户出于节约的习惯，收集回自家院落铺院中小路，或搭建附属储物棚（图6-19）。

图 6-19 被收集的建材
来源：作者自摄

如前文所说，该村庄也并未建立集中的垃圾填埋场，各户将垃圾丢弃在角落，村庄中有多处角落垃圾被散落。

粪便无害化 D_{37}：没有专门的无害化处理，沼气池因为需要经常清理，而当地冬季寒冷，无法正常工作，因此难以推行。在缺乏集中处理的环境下，粪便无害化没能由住户自发实现。

卫生厕所 D_{38}：原本图纸中设计的是水厕，也根据图纸施工，由于下水没能通达村庄，无法使用，在户外搭建旱厕，卫生环境较差（图6-20）。

卫生厕所管理 D_{39}：被评价住户不注意环境卫生的处理，即使是新修建的民居，院落中也是畜禽粪便遍地，对此并不觉得有何不妥。相比之下，

图 6-20 无法使用的卫生间
来源：作者自摄

邻近村落中的回民住户由于有自己的宗教信仰，在行为方面极为收敛，对家庭环境卫生精心打扫，污物也能做到及时处理。

6.2.7 社会效应项目评价

该项目具体评价过程，详见表6-7。

社会效应项目评价 表6-7

评价准则	评价内容/评价说明	得分	总分
本土文化与历史文化遗产 D_{40}	1.民居建筑与景观保持当地传统建筑风貌，或民族风貌。 当地民族文化和传统风俗对居住建筑影响多表现在建筑形象上，建筑风貌以"塞上江南"为特色，采用白墙、灰瓦坡顶的建筑形象。	5	5
	2.对场地内拥有历史文化遗产以及地域景观妥善保护。 场地紧邻惠农渠，鱼池水系多，设计保留场地内原有水塘，景观环境丰富。	5	

续表

评价准则	评价内容/评价说明	得分	总分
设计手段D_{41}	1.有适宜户外活动与人际交往的文体设施和场地。 　场地设计有村民活动广场，但是受到气候影响，冬季利用率不高。	4	4.7
	2.设计注重邻里关系与民居村落归属感。 　以户外广场为中心，组织平面，并以错列联排各栋建筑，形成小的邻里组团中心。	5	
	3.建筑空间组合适应当地生活习惯与民俗民风。 　建筑空间组织以客厅为中心，符合乡村生活中的外向型交往活动。	5	
住户参与D_{42}	1.西北绿色民居前期方案和规划阶段，住户意见能够被采纳。 　在资料收集、设计目标确定、基本户型方案、功能布局、建筑造型等等环节都有村民参与控制，当取得村民认可签字后进行施工图设计和实施建设。	5	5
	2.使用后回访，能够及时得到住户对西北绿色民居的意见反馈。 　设计工作大约经历了如下阶段：基础资料收集，时态调查，找问题；方案创作，解决问题；方案意见征询，住户投票参与表决；再修改，进行施工图设计。	5	
住户满意度D_{43}	住户对西北绿色民居得分 　2008年秋天建筑投入使用后，多次回访，住户普遍反映满意。	4	4
绿色投资成本D_{44}	绿色投资成本P 　造价控制在780元/m^2左右，能够被当地住户接受，其中保温材料、阳光间、门窗等造价造成的投资增量约为15.6%。	4	4
投资增额回收期D_{45}	投资增额回收期D 　新建民居初期投资较高，但其采暖运行费用低，增加的投资可通过后期节能减耗实现成本回收。利用太阳能作为冬季采暖辅助热源，使用7~8年后新建民居增加的投资就可通过节约的燃煤费用收回。	4	4

评价说明

本土文化与历史文化遗产 D_{40}：自秦汉以来，本地就开始修渠灌田，经过两千多年的人工开发，早已成为渠道纵横、叶陌相连的"塞上江南"，项目确定白墙、灰瓦坡顶的居住建筑形象。虽然处于回族自治区，在当地民族与宗教文化对居住建筑影响十分有限，民居建筑的形式受自然环境的影响更为突出，不同民族民居的院落布局、房间组合、室内空间形态、施工做法等几乎完全一样，区别仅是局部增加了一些宗教生活必需的空间和设施，例如洗澡净身、做礼拜的地方，或者在墙上贴涂宗教图案。

设计手段 D_{41}：碱富桥村对原有水塘环境加以整治，设计为以水体绿荫为中心的建筑室外景观，住区内的室外场地及园地集中设置，力求平面规整，住区的广场、活动场、庭院等室外活动区域均朝阳，但是冬季仍然显得冷清，使用率不高（图6-21）。

错列式建筑布局，形成各组团中心，通过设计手段强化组团之间的邻里交往。

建筑设计利用南侧中部的客厅组织各项家庭功能活动，住宅的主要入口直接与客厅发生联系符合乡村家庭喜欢热闹、聚会、串门的生活习惯。

图 6-21 冬季冷清的广场
来源：作者自摄

将主要的外向型交往活动集中在这里，交通路径短捷，对卧室的干扰小，也方便联系周边各房间（图6-22）。

图 6-22 冬季明亮热闹的客厅
来源：作者自摄

住户参与 D_{42}：充分发挥住户参与的作用，在资料收集、设计目标确定、基本户型方案、功能布局、建筑造型等等环节都有村民参与控制。最终，当取得村民认可签字后进行施工图设计和实施建设。

设计工作大约经历了如下阶段：基础收集资料、时态调查、找问题；方案创作、解决问题；方案意见征询、老百姓投票参与表决；再修改、施工图设计。技术方案简单易行，可选用当地原材料操作，使农户将来能够自己实施。同时邀请农户积极参与到施工中来，一方面可以对农户进行技术指导与推广宣传，另一方面农户自己可以对建设情况监督检查。

住户满意度 D_{43}：2008年秋天之后开始分期投付使用，在各次回访中，住户虽然也反映了一些问题，诸如缺乏村庄的集中管理等，但总体反映良好。项目运行使用一年后，通过测试、实地走访后发现，示范效果不仅仅体现在能耗数字的变化上，还体现在农户自身的思想认识转变上，新建住宅农户反映冬季室内舒适性明显提高，采暖费用减少，商品能节约与冬季居住舒适度的效果突出，原本持观望态度其他村民纷纷表示参与的意愿，示范效果显著（图 6-23）。

图 6-23　住户回访与意见咨询
来源：西安建筑科技大学绿色建筑研究中心课题组

绿色投资成本 D_{44}：住户通过原有宅基地与新宅基地土地置换，取得的补偿款，当地耕地价格目前为 5 万元 / 亩，每户大约可得 2.9 ~ 5.4 万元宅基地补偿，可折合成 44.6 ~ 83.1m² 。原宅基地较大的农户不需再支付任何费用即可住进新房，原宅基地较小的农户也仅仅需要再支付一部分即可。通过集约建设和土地整合，有效控制宅基地面积的方式，解决了农民的居住问题，同时也没有过分增加农民的经济负担。

建筑造价控制在 780 元 /m²，比传统民居多出来的造价主要由阳光间、围护结构保温材料构成，投资增量约为 15.6%。组织者积极地通过多种方式筹集和整合危房改造、自来水改造、新农村建设、太阳能示范等等政府专项资助款，再通过其他税费减免政策，基本可以在财务上做到平衡，解决居住建设资金问题。

投资增额回收期 D_{45}：新建民居初期投资较高，但其采暖运行费用低，增加的投资可通过后期节能减耗实现成本回收。新建民居建于 2008 年，使用了当地建材，同时利用太阳能作为冬季采暖辅助热源，土建单方造价 780 元，总投资约为 85000 元。根据耗煤量指标以及 2008 年当年煤价计算，冬季的采暖费用约为 1300 元。相比当地传统民居的造价与能耗，使用 7 ~ 8 年后新建民居增加的投资就可通过节约的燃煤费用收回。

6.3　小结

该示范项目的评价，综合得分为：

$$x = \sum_{i=1}^{n} w_i x_i = 3.9$$

以该示范民居为试评价对象，通过评价结果，并结合分析评价指标中的"失分点"和"得分点"，能够反映出西北民居建设中的如下问题：

在"生活废弃物"、"污水"等评价项目上，难以合格。本项目为示范项目，建设资金、施工质量能够得到保证，尚且如此。村庄选址分散，建造集中处理污水垃圾的处理厂站成本高昂，鼓励利用适宜技术如氧化塘、人工湿地技术、地下渗滤、高温堆肥、沼气池等。但是住户难以在经济上直接受益，并且有初期成本，需要借助鼓励政策、法规来推广。

在绿色乡村建设中，应当首先考虑住户在经济条件下的居住需求排序，不能一味地强调节约。在一些项目评价中的得分，如"节水"、"太阳能热水"等，并非由于住户出于"绿色"意愿，而是由于出于节约的生活习惯或认为经济上受惠，符合"经济与绿色"双重规律的策略，才切实可行。

住宅空间布局不能通过严格"功能分区"解决，乡村生活与日常劳作分不开，居住环境中容纳的日常行为较丰富，更愿意灵活使用空间，被评价的对象虽然对建筑空间表示满意，但是也自行在卧室中、厨房中进行储物。

对室内环境质量，尤其是热舒适的要求与城市住宅不同，乡村住户对室内热环境的要求普遍低于城市住户。

村庄普遍缺乏统一的管理，所以找不到需要对公共安全、公共环境质量负责的责任方。

7 结论

7.1 研究结论

在当代西北民居的发展中，面临资源承载力有限与居住需求高涨的矛盾，健康、舒适、低耗高效是发展的必经之路。建立西北民居绿色评价体系，为西北乡村民居作出"绿色程度"或者"生态化程度"的标识，现阶段的目标与城市住宅评价体系不同，并非是为了实现某种市场效应，也不是为了精确度量建筑的环境性能，而是为了使结果能够清晰、直接地成为西北乡村民居建设的反馈信息。

7.1.1 工作成果

综合评价是一个多学科交叉的研究领域，由于不同专业研究的出发点不同，研究观点也不尽相同。本书试图从建筑专业角度，对西北民居的绿色评价进行定性研究。工作成果如下：

（1）针对乡村民居的居住需求，资源条件以及西北地区的现状，基于绿色建筑的多样化表达，提出西北民居的绿色评价目标，即在保证居住质量的前提下，通过灵活的方案组合，实现经济投入与建筑性能的最佳平衡。

（2）从建筑专业角度出发，根据上述评价目标，在技术信息分析、专家咨询的工作基础上，提出"居住质量"、"能源"、"材料资源"、"水资源"、"土地资源"、"生活废弃物"、"社会效应"7个评价项目，并建立西北绿色民居评价的指标体系及评价标准，并为评价指标赋权。

（3）结合绿色乡村民居建设的推广方式，设计西北绿色民居评价方法，在此基础上设计的评价体系不追求精确标识，也不推崇市场化的高成本创新，以示范、鼓励为主，对评价结果应当作为建设的有效反馈信息运用。

7.1.2 研究结论

（1）西北绿色民居建设的目标，应当追求性能与投入的最佳平衡点，乡村民居的绿色评价目标也应当如此。实现"乡村绿色民居"与"城市绿色住宅"的途径完全不同。城市生产集约，工业化程度高，因此城市住宅更像"工业化的住宅产品"，应对居住需求与经济环境约束的措施规律性强，因此一套设计策略、评价目标可以较好地适应一个地区的住宅；而西北乡村民居更像"手工产品"，现阶段像城市一样实现建筑"工业化生产"是社会经济状况不允许的，所以西北乡村绿色建筑的发展，应当通过灵活的经济组合方式（如不同建材的组合、不同品位的用能结构等）实现舒适安全的建筑性能，并达到最佳平衡状态。

（2）社会成本决定了西北乡村绿色民居建设的途径，这不但包括乡村住户个人经济承受能力，还包括社会资源成本与能源成本，西北民居绿色评价内容的设计应当对此作出引导。现阶段，点多、分散的西北乡村民居，通过"高投入高效率"来实现居住需求，是我国能源与社会资源难以承受的。因此，西北乡村绿色民居建设应当优先鼓励通过建筑设计手段，实现优良的建筑性能，建筑设计手段能独立于材料组合、构造措施、设备而存在，能从根本确定建筑与环境关系与居住质量；其次，关于污水、垃圾、粪便等环境负荷宜结合生产就地处理。

（3）"绿色建筑"不是可以精确量化的定义，在不同的环境约束下有多种表达方式，西北乡村绿色民居的建设难以通过单纯解决"功能问题"、"技术问题"来实现。西北民居的绿色评价标准的设立应取决于外部环境条件对建筑的影响与约束。

居住质量：居住质量安全应优先得到保证，对物理环境的需求与城市住宅不同，对居住功能与空间布局宜鼓励住户结合生产生活安排。

能源：应优先通过建筑设计实现被动节能、用能，鼓励"低投入适宜效率"的用能方式，与"梯级利用，品位对口"的用能结构。

材料资源：在实现安全性能、保温性能的前提下，对建材种类和类型不需要具体规定，鼓励住户根据居住需求经济承受能力灵活组合构造方案。

水资源：优先保证水质水量，通过硬件设施保证污水废水分流，争取实现排水的减量化、资源化、无害化。

土地资源：节地压力低于城市，应强调选址阶段"趋利避害"，提前消解后期建设、设计、使用中的问题。

生活废弃物：最佳方式为结合生产生活，就地、分散处理。

社会效应：鼓励示范效应，通过经济评价实现收益最大化的目标。

7.2　后续的研究工作

一部成熟的评价体系，需要在使用后，得到反馈信息，经过若干次调整，才能逐步完善。本书的研究，仅是对西北乡村民居绿色评价的前期研究工作，我国西北地区幅员广阔，乡村建设面临的问题也远比城市问题复杂多样，建立适宜的绿色民居评价体系不但不能照搬国外的评价体系，甚至不能套用已在我国推行的城市住宅评价体系。民居的发展除了受自然环境的影响，受到社会环境、经济条件、技术水平的影响，通过建筑师的努力，难以解决全部问题，参与群体的单一也会降低评价体系的可操作性与认同感，因此提高西北民居绿色评价体系的可操作性，更多专业的参与也势在必行。

由于时间关系，本书的研究仅在对西北部分地区进行实地调研，并进行数据统计和分析，在进行数据采集和实地调研的基础上，提出西北乡村绿色民居评价的基本框架，以下工作仍然需要在未来继续进行：

（1）实际评价案例与使用后反馈信息的积累。我国乡村建设正在经历飞速的发展，西北乡村民居面临的建设方式、居住需求、用能状况、环境负荷情况等也会有所变化，乡村绿色民居的定义及其相关的技术也会有所发展更新。因此评价体系的指标及相关权重、评价标准也应当是动态变化的。本书提出的"居住质量"、"能源"、"材料资源"、"水资源"、"土地资源"、"废弃物"、"社会效应"等7条评价项目经过使用后能否达到预期效果，还需经过使用案例的积累来调查，并建立数据库，不断回馈修正作为参考，实际评价案例的积累与信息反馈，可以用于系统的优化研究。

（2）西北乡村地区相关信息的补充与完善。数据包括西北乡村建筑的能耗状况、建筑环境负荷、室内环境品质等等。受时间制约，数据收集量不足，本文研究中某些可量化的评价指标，其评价标准制定的依据不够充分。信息库的补充与完善是评价指标与相关权重、评价标准进一步趋于完善的技术基础，该项工作涉及面广，工作量大，需要长期投入。

（3）评价体系的进一步完善。首先，修正评价指标之间的相互关系，本书使用层次分析法（AHP）确定指标之间的层次关系以及权重，指标体系中的"误差"在所难免，评价指标之间"牵一而动百"关系难免表现欠全面，在后续研究中，仍需通过数学方法，对评价指标的"敏感性"、"相关性"、"互偿性"作进一步的研究。

其次，评估方法的完善，本研究中体系的推广以鼓励、示范为主，因此，评价及格的准入门槛较低。评价指标之间得分算术相加，就会带来以个别简单项目的高分抵消其他项目得低分的情况，虽然设计了指标权重，仍会带来评价活动中的"投机"情况。在后续工作中，应通过设置必备条件等手段，继续完善评估方法。

参考文献

[1] 清华大学建筑节能研究中心.中国建筑节能年度发展报告 2009[M].北京：中国建筑工业出版社，2009.

[2] 郭梁雨，郝斌.可再生能源建筑应用示范项目检测与评估指标体系探讨 [J].建筑节能，2009，37（1）：56-59.

[3] 田蕾.建筑环境性能综合评价体系研究 [M].南京：东南大学出版社，2009.

[4] 绿色建筑论坛.绿色建筑评估 [M].北京：中国建筑工业出版社，2009.

[5] 江亿，秦佑国，朱颖心.绿色奥运建筑评价体系研究 [J].建筑节能，2004，37（1）.

[6] 秦佑国，林荣波，朱颖心.中国绿色建筑评价体系研究 [J].建筑学报，2007（3）：68-71.

[7] 韩宇.黄土高原地区居住绿色设计评价指标研究 [D].西安：西安建筑科技大学，2008.

[8] 李钰，王军.1934—2008：西北乡土建筑研究回顾与展望 [J].西安建筑科技大学学报，2009，41（4）：556-560.

[9] 范涌，胡昊.我国生态建筑评估体系应用现状与展望 [J].四川建筑科学研究，2008，34（02）：231-234.

[10] 刘秀花.中国西北地区再造山川秀美综合区规划研究 [D].西安：长安大学，2006.

[11] 丁一汇，王守荣.中国西北地区气候与生态环境概论 [M].北京：气象出版社，2001：5-9.

[12] 高布权.论我国西北地区生态农业的发展取向 [J].甘肃农业，2009（02）：76-78.

[13] 王文欢，李慧民，马昕，张玉玲.西北地区新农村建设的着力点 [J].陕西建筑，2009（08）：1-3.

[14] 林奇胜，刘红萍，张安录.论我国西北干旱地区水资源持续利用 [J].地理与地理信息科学，2003，19（03）：54-58.

[15] 魏强.西北地区生态环境治理途径与对策 [J].防护林科技，2009（03）：76-78.

[16] 汤庆国，王群英，沈上越.西北地区的生态环境与可持续发展 [J].重庆环境科学，2003，25(12)：99-101.

[17] 童玉芬，尹德挺.西北地区贫困人口问题研究 [J].人口学刊，2009（02）：10-15.

[18] 陕西省生态学会.大西北生态环境论丛 [M].北京：科学技术文献出版社，1991：8-9.

[19] 梁积江，吴艳珍.西部生态区划与经济布局 [M].北京：中央民族大学出版社，2008：99-102.

[20] 李景侠.西北主要乔灌木 [M].咸阳：西北农林科技大学出版社，2002：1-5.

[21] 牛飞亮，张卫明.西北地区战略能源——21 世纪初期中国经济可持续发展的保障 [J].科学·经济·社会，2008，26（3）：3-6.

[22] 李梅，王英．加快我国西北地区能源发展的构想 [J]. 甘肃省经济管理干部学院学报，2008，21（3）：30-33.

[23] 中华人民共和国国家统计局．中国统计年鉴 2009[M]. 北京：中国统计出版社，2010.

[24] 李宁．浅析西北民居及民居文化 [J]. 青海师范大学学报（哲学社会科学版），2006，115（02）：40-45.

[25] 周伟洲，王曙明．西部大开发与现代西北少数民族多元文化的构建 [J]. 陕西师范大学学报（哲学社会科学版），2009，38（04）：96-103.

[26] 娜拉，宋仕平．宗教社会学视角下的西北少数民族传统文化 [J]. 新疆师范大学学报（哲学社会科学版），2007，28（01）：50-53.

[27] 宋仕平，娜拉．宗教文化浸润中的西北少数民族地区乡村政治发展研究 [J]. 民族论坛，2009（08）：31-33.

[28] 谭良斌．西部乡村生土民居再生设计研究 [D]. 西安：西安建筑科技大学，2007.

[29] 常涛．生态社区综合评价体系的初步研究 [D]. 大连：大连理工大学，2003.

[30] 袁冰．住宅建筑节能综合评价体系研究——以西安地区为例 [D]. 西安：西安建筑科技大学，2008.

[31] 张小波．西安地区住宅建筑节能综合评价体系及相关政策研究 [D]. 西安：西安建筑科技大学，2007.

[32] 宋宏．住宅小区人居环境的评价研究 [D]. 西安：西安建筑科技大学，2006.

[33] 李金云．节能建筑评价体系研究——以寒冷地区为例 [D]. 西安：西安建筑科技大学，2009.

[34] 张智．居住区环境质量评价方法及管理系统研究 [D]. 重庆：重庆大学，2003.

[35] 韩宇．黄土高原地区居住区绿色设计评价指标研究 [D]. 西安：西安建筑科技大学，2008.

[36] 张新．居住区规划设计方案综合评价方法的研究 [D]. 南京：南京工业大学，2004.

[37] 刘文婷．普通商品住宅评价标准的构建研究——从企业角度 [D]. 西安：西安建筑科技大学，2008.

[38] 杨建平，孟军，刘加平．西藏高原地区居住建筑采暖系统评价体系研究 [J]. 西安建筑科技大学学报，2009，41（2）：201-206.

[39] 西安建筑科技大学绿色建筑研究中心．绿色建筑 [M]. 北京：中国计划出版社，1999.

[40] 中国城市科学研究会．绿色建筑（2008）[M]. 北京：中国建筑工业出版社，2008.

[41] 绿色奥运建筑研究课题组．绿色奥运建筑评估体系 [M]. 北京：中国建筑工业出版社，2003.

[42] 聂梅生，秦佑国，江亿，张庆风，蔡放．中国生态住区技术评估手册 [M]. 第 4 版．北京：中国建筑工业出版社，2007.

[43] 清华大学建筑节能研究中心．中国建筑节能年度发展报告 2008[M]. 北京：中国建筑工业出版社，2008

[44] 杜栋，庞庆华，吴炎．现代综合评价方法与案例精选 [M]. 北京：清华大学出版社，2008.

[45] 周若祁等．绿色建筑体系与黄土高原基本聚居模式 [M]. 北京：中国建筑工业出版社，2007.

[46] 叶齐茂．村庄整治技术规范图解手册 [M]. 北京：中国建筑工业出版社，2009.

[47] GB 50445—2008 村庄整治技术规范 [S]. 北京：中国建筑工业出版社，2008.

[48] 张文军 . 生态住宅的经济研究 [D]. 上海：复旦大学，2008.

[49] 刘启波 . 绿色住区综合评价的研究 [D]. 西安：西安建筑科技大学，2004.

[50] 王怡，赵群，何梅，杨柳，刘加平 . 传统与新型窑居建筑的室内环境研究 [J]. 西安建筑科技大学学报（自然科学版），2001，33（04）：309-312.

[51] 叶海 . 室内环境品质的综合评价指标 [J]. 建筑热能通风空调，2001（01）：31-34.

[52] 黄国安 . 满意度研究分析方法探讨与应用 [J]. 市场研究，2010（04）：31-33.

[53] 邓蓉，黄漫红 . 论农村土地资源保护与可持续利用 [J]. 现代化农业，2009（10）：29-32.

[54] 张清廉，于长立，王秀丽 . 农村土地资源优化配置与规模经营研究 [J]. 河南大学学报（社会科学版），2009，49（05）：63-67.

[55] 侯玉亭 . 浅议新农村建设中的耕地保护问题 [J]. 中国农垦，2007（07）：40-41.

[56] 张宝香 . 生态农村建设与土地资源的可持续利用 [J]. 潍坊学院学报，2008，08（03）：91-93.

[57] 王荣珍 . 新农村建设中土地资源利用现状及对策分析 [J]. 农业考古，2008（03）：115-117.

[58] 王云，李荷香，吴国玺 . 新农村建设中空心村整合与土地资源利用研究 [J]. 经济研究导刊，2009（26）：30-31.

[59] 张恒嘉 . 我国雨水资源化概况及其利用分区 [J]. 灌溉排水学报，2008，27（5）：125-127.

[60] 马建刚，籍明明 . 农村雨水集蓄利用的有关法律问题 [J]. 法制与社会，2009（10）：282-283.

[61] 龚孟建 . 浅谈西部地区的雨水集蓄利用 [J]. 山西水土保持科技，2001（01）：2-4.

[62] 朱强，李元红 . 论雨水集蓄利用的理论和实用意义 [J]. 水利学报，2004（3）：60-65.

[63] 虞江萍，崔萍，王五一 . 我国农村生活能源中 SO_2、NOx 及 TSP 的排放量估算 [J]. 地理研究，2008，27（3）：547-555.

[64] 张培栋，王刚 . 中国农村户用沼气工程建设对减排 CO_2、SO_2 的贡献分析与预测 [J]. 农业工程学报，2005，21（12）：147-151.

[65] 姚伟，曲晓光，李洪兴，付彦芬 . 我国农村厕所及粪便利用现状 [J]. 环境与健康杂志，2009，26（01）：12-14.

[66] 姚伟，曲晓光，李洪兴，付彦芬 . 我国农村垃圾产生量及垃圾收集处理现状 [J]. 环境与健康杂志，2009，26（1）：10-12.

[67] 杨晓波，奚旦立，毛艳梅 . 农村垃圾问题及其治理措施探讨 [J]. 农业环境与发展，2004，26(01)：39-41.

[68] 王会肖，蔡燕，王海龙，李鹏 . 再生水农业利用现状及其研究进展 [J]. 南水北调及水利科技，2009，7（4）：98-101.

[69] 赵之枫 . 城市化加速时期村庄集聚及规划建设研究 [D]. 北京：清华大学，2001.

[70] 雷振东 . 整合与重构 [D]. 西安：西安建筑科技大学，2005.

[71] 赵群 . 传统民居生态建筑经验及其模式语言研究 [D]. 西安：西安建筑科技大学，2004.

[72] 周伟 . 建筑空间解析及传统民居的再生研究 [D]. 西安：西安建筑科技大学，2004.

[73] 王军 . 西北民居 [M]. 北京：中国建筑工业出版社，2009.

[74] （日）浅见泰司编著 . 居住环境评价方法与理论 [M]. 高晓路，张文忠，李旭，马亚杰，管运涛，王茂军译 . 北京：清华大学出版社，2006.

[75] 冉茂宇，刘煜.生态建筑 [M].武汉：华中科技大学出版社，2008.

[76] 陆元鼎.中国民居研究五十年 [J].建筑学报，2007（11）：66-69.

[77] 杜文光.建筑本体论 [J].华中建筑，2003，31（01）：15-21.

[78] 田蕾，秦佑国，林波荣.建筑环境性能评估中几个重要问题的探讨 [J].新建筑，2005（03）：89-91.

[79] 张滨，李桂文，赵健平.住宅天然光环境视知觉感受的影响因素分析 [J].华中建筑，2010（01）：21-23.

[80] 王登甲，刘艳峰，刘家平，王莹莹.西北村镇建筑热工及冬季室内热环境分析 [J].工业建筑，2010，40：24-27.

[81] 刘玲，张金良，姜凡晓.我国农村室内空气污染干预状况综述 [J].安全与环境学报，2007，7（03）：35-39.

[82] 李文菁，陈歆儒.人体舒适度与室内热环境 [J].湖南工程学院学报，2010，20（03）：72-76.

[83] 王久臣，董仁杰.农村能源综合建设对西部农村室内空气质量的影响 [J].可再生能源，2005（05）：1-4.

[84] 陈玲，曾向阳.开放式办公室声环境评价、预测和设计方法 [J].电声技术，2009，33（08）：16-20.

[85] 毛建西.居住声环境的结构与维度探讨 [J].声学技术，2009，28（05）：634-639.

[86] 胡影峰，华虹，陈孚江.居住区声环境质量的控制改善与灰色聚类评价 [J].重庆建筑大学学报，2006，28（01）：96-100.

[87] 赵祥，梁爽.改善生态住宅声环境的设计措施浅析 [J].四川建筑科学研究，2009，35（02）：238-242.

[88] 刘丛林.东北地区农村住宅室内空气质量研究 [D].哈尔滨：哈尔滨工程大学，2007.

[89] 高翔翔.北方农村传统采暖方式与室内热环境研究 [D].西安：西安建筑科技大学，2010.

[90] 肖敏.新农村住宅设计与规划对策初探 [D].西安：西安建筑科技大学，2008.

[91] 朴春花.层次分析法的研究与应用 [D].北京：华北电力大学，2008.

[92] 朱建军.层次分析法的若干问题研究与应用 [D].沈阳：东北大学，2005.

[93] 范涌.基于 TOPSIS 的生态建筑综合评价方法研究 [D].上海：上海交通大学，2007.

[94] 刘成明.面向复杂系统决策的层次分析权重处理方法及其应用研究 [D].长春：吉林大学，2004.

[95] 王颖.基于 TOPSIS 法的多元质量特性优化方法研究 [D].天津：天津大学，2007.

[96] 胡青龙.求解区间数 AHP 判断矩阵的权重的一种新方法 [J].湘潭大学自然科学学报，2010，32（04）：122-126.

[97] 王俊英，李德华.群决策专家权重自适应算法研究 [J].计算机应用研究，2011，28（02）：532-540.

[98] 李桥兴.多属性决策中指标权重确定的理论研究与应用 [D].南宁：广西大学，2004.

[99] 薛会琴.多属性决策中指标权重确定方法的研究 [D].兰州：西北师范大学，2008.

[100] 俞立平，潘云涛，武夷山.科技教育评价中主客观赋权方法比较研究 [J].科研管理，2009，

30（04）：154-161.

[101] 运迎霞，唐燕 . 对生态住区评估系统中权重问题的思考 [J]. 城市规划汇刊，2004（02）：81-84.

[102] 李远远，云俊 . 多属性综合评价指标体系理论综述 [J]. 武汉理工大学学报（信息与管理工程版），2009，31（02）：305-309.

[103] 陈衍泰，陈国宏，李美娟 . 综合评价方法分类及研究进展 [J]. 管理科学学报，2004，7（02）：69-79.

[104] 苏为华 . 多指标综合评价理论与方法问题研究 [D]. 厦门：厦门大学，2000.

[105] 谭斌，毛军 . 几种客观赋权的企业竞争能力综合评价方法应用实例 [J]. 经济纵横，2006（02）：39-43.

[106] 黄一翔，栗德祥 . 关于国内生态住宅评价标准的指导性分析——从《中国生态住宅技术评估手册》到《绿色建筑评价标准》[J]. 华中建筑，2006，24（10）：107-109.

[107] 王肖宇 . 基于层次分析法的京沈清文化遗产廊道构建 [D]. 西安：西安建筑科技大学，2009.

[108] 梁锐，张群，刘加平 . 西北乡村民居适宜性生态建筑技术实践研究 [J]. 西安科技大学学报，2010，42（04）：584-588.

[109] Rui Liang，Qun Zhang，Jia-ping Liu.2010 International Conference on Mechanic Automation and Control Engineering[C].Berlin：Elsevier，2010.

[110] Qun Zhang，Rui Liang，Jia-ping Liu.Rural houses with appropriate strategies in northwest China：a practice of ecological houses in Ningxia Province[J].Frontiers of Architecture and Civil Engineering in China，2010，4（04）：483-489.

[111] 张群，梁锐，刘加平 . 西北民居景观环境生态设计实践研究 [J]. 西北林学院学报，2011，26（01）：195-198.

[112] 张群，朱轶韵，刘加平，梁锐 . 西北乡村民居被动式太阳能设计实践与实测分析 [J]. 西安理工大学学报，2010，26（04）：477-481.

[113] 中国城市科学研究会 . 绿色建筑 2009[M]. 北京：中国建筑工业出版社，2009.

[114] 王书吉 . 大型灌区节水改造项目综合后评价指标权重确定及评价方法研究 [D]. 西安：西安理工大学，2009.

[115] 何泉 . 藏族民居建筑文化研究 [D]. 西安：西安建筑科技大学，2009.

[116] Paul Oliver.Encyclopedia of Vernacular Architecture of the World[M].Cambridge： Cambridge University Press，1977.

[117] Bernard Rudofsky. Architecture Without Architects：A Short Introduction to Non-Pedigreed Architecture[M].New York：The Museum of Modem Art，1964.

[118] Robert Redfield. Peasant society and Culture：An Anthropological Approach to Civilization[M]. Chicago：University of Chicago Press，1956.

后　记

综合评价是一个多学科边缘交叉的研究领域，由于不同专业研究的出发点不同，研究角度也不尽相同。对乡村建筑来说，建筑的"绿色性能"往往不取决于高效的建筑设备与技术，而更取决于合理的建筑设计。本书从建筑学专业角度出发，对绿色建筑评价体系的地区适应性的进行研究。

本书是在笔者博士论文基础上写成的，调整了原论文中的某些章节，并对部分数据进行了修正与更新。研究工作得到了国家自然科学基金项目"现代乡村建筑绿色评价的指标体系研究"（51408474）的支持。

本研究同时受到国家自然科学基金项目"西北乡村新民居生态建筑模式研究"（51178369）和国家自然科学基金创新研究群体科学基金项目"西部建筑环境与能耗控制理论研究"（51221865）的支持。

本书是在导师刘加平院士的指导下完成的，同时也与许多人的帮助分不开。能够投入刘老师门下学习，是我的幸运。在刘老师的热情鼓励与耐心启发下，我不但学问上有了长进，更为珍贵的是体会到了求知求真的快乐，这段学习经历将使我受益终生。

感谢西安理工大学朱轶韵教授、西安建筑科技大学张群教授与西安建筑科技大学绿色建筑研究中心组的每一位同学！在这个团结的集体中，每一次现场工作都收获颇丰，历次调研与讨论成果，成为本书研究的基础。

感谢银川市规划局、银川市林研所的同志，以及碱富桥村住户在此期间给予的支持！在他们的协助下，调研工作才得以顺利展开。

感谢西安建筑科技大学杨柳教授！在选题之初我曾多次上门求教，都得到杨老师热情耐心的帮助。

感谢西安工业大学杨倩教授！在她的帮助下，我明确了综合评价中数学方法的作用，精简了指标体系的层级，使我在研究工作少走了许多弯路，更收获了一份宝贵的友谊。

感谢西安建筑科技大学张勃教授多年来的帮助与支持！张老师乐观豁达的人生态度，端正敬业的工作精神，是我终生学习与工作的榜样。

绿色建筑的概念与等级并非一成不变，就在本书即将付梓之际，新版《绿色建筑评价标准》（GB/T 50378—2014）即将于 2015 年正式实施。这说明成熟的评价体系需要在动态中不断发展，笔者也将在未来对本书中的研究内容进行充实与完善。

由于作者水平有限，书中难免会有错误与遗漏之处，欢迎读者批评指正。

作者

2014 年 10 月

于西安